庫
ノンフィクション

WWⅡソビエト軍用機入門

異形名機50種の開発航跡

飯山幸伸

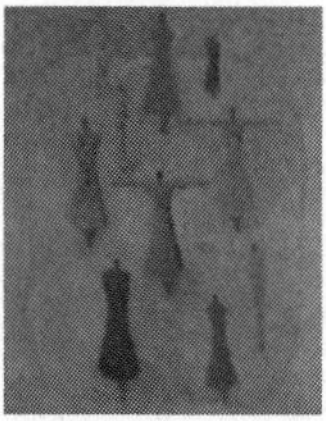

潮書房光人新社

本書では、第二次世界大戦におけるソ連の軍用機五〇機を紹介しています。

全金属製の航空機が全盛の時代にあえて作られた木製構造の機種や、輸送機や練習機など非戦闘用の機種に武装をほどこし、実戦機に転用されたもの。

戦争プロフェッショナルともいえるソ連軍の骨太さが感じられる異色の機体たちをイラスト、三面図、写真など一七〇点とともに解説します。

上より39、44、49。　　各ページ

(上)ベリエフMBR-2　(中)ベリエフKOR-1
(下)ベリエフKOR-2

59、64、69。

74、84、89。

94、99、109。

(上)ラボーチキンＬａ-7　(中)ミコヤン・グレビッチMiG-3
(下)ペトリヤコフPe-8

114、119、124。

129、139、149。

154、164。

169、184、194。

199、214、219。

224、229、234。

249、254、284。

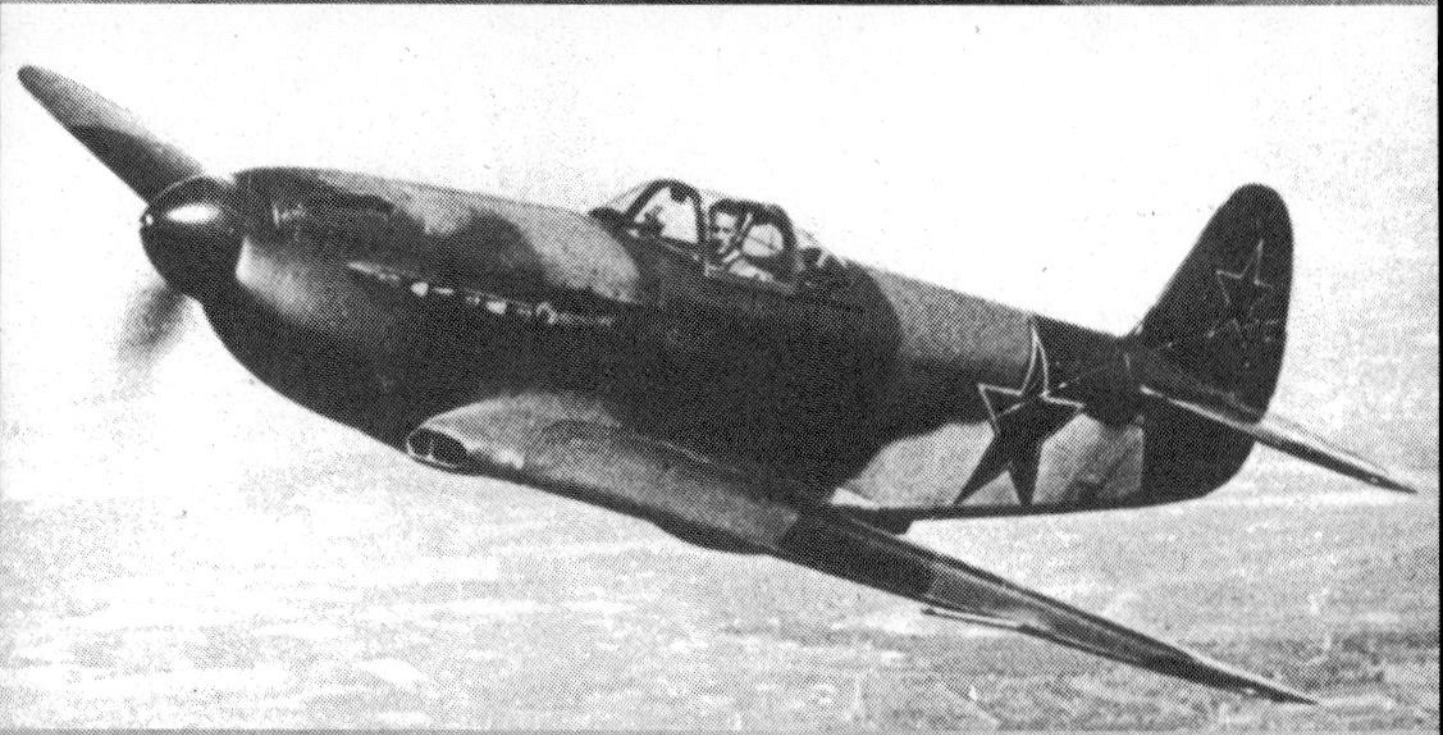

DTP　佐藤敦子

WWⅡソビエト軍用機入門——目次

WWⅡ ソビエト連邦軍用機の戦闘　19

WWⅡ ソビエト連邦軍用機の戦闘

ソビエト連邦の空軍力育成

第一次世界大戦末期の一九一八年に起こったロシア革命により帝政ロシアは共産主義のソビエト連邦となった。自由主義経済圏の各国が国家財政のふところ具合と諸外国との軍事力バランスとの兼ね合いの中で軍備の近代化に努めていたのに対して、計画経済になったソ連ではかなり思い切った軍備拡張を行なうことができるような状況にあった。

しかし、共産主義革命の影響などにより、航空軍事力の近代化は停滞してしまい、外国からの技術移入も欠かすことができなかった。外国製軍用機や旅客機など民間機の輸入、ライセンス生産権の購入が行なわれる一方、第一次大戦での敗戦国ドイツも復興し始めるとベルサイユ講和条約の盲点を突いて、ソ連で隠密の航空機開発を行なった（この種のドイツの隠密航空機開発は、スウェーデンやスイスでも行なわれた）。

　ドイツ人技術者によるソ連国内での航空機開発の成果、例えば、ユンカース機に多用された波状外板などは、ツポレフ機にも多く取り入れられた。航空機エンジンの開発も、ドイツやフランスで開発されたエンジンのライセンス生産された後、国産エンジンへと発展していった。

　だが、外国からの技術導入が多かったからといってソ連の航空技術が必ずしも遅れていたという訳ではなかった。一九三〇年代初頭までには分野によっては前衛的、革新的な航空技術も開発され、実用化も行なわれていた。世界大恐慌や軍縮の動きの影響により、自由主義経済圏の国々では軍備を緊縮する財政措置が取られ、軍事技術が停滞していた三〇年代前半から中盤にかけての頃は、ソ連空軍ではすでにツポレフTB-3のような大型重爆撃機を多数配備し、金属製で単葉引き込み脚のポリカルポフI-16戦闘機も実用化されていた。一九五〇年代まで量産が続いた傑作多用途機のポリカルポフU-2（Po-2）も一九二〇年代の終わり頃の設計だった。

　ソ連航空軍事力が外国に対して公になる機会は毎年八月の航空デーの観閲飛行など限定されていたが、実力が明らかになったのはスペイン戦争や日中戦争においてであった。

スペイン戦争に参加したソ連軍用機

スペイン戦争は一九三六年七月に、ファシスト勢力を指揮したフランコ将軍が、特権階級による政治を打倒して樹立されたスペイン人民戦線政府に対して革命戦争を起こしたことによって勃発した。特権階級による支配の打破はスペイン国民の念願ではあったが、新たに樹立された人民戦線政府が政治的能力に欠けていたため、ファシスト勢力の反動を招いたのだと見られている。

このスペイン内戦には諸外国が軍事介入したため、国際的な軍事力の実験場と化してしまった。人民戦線政府にはアメリカ、イギリス、フランス、オランダ、チェコスロバキアといった自由主義経済圏の国々とソ連が後押しをし、フランコ軍側にはファシズム政権のドイツ、イタリアがバックについた。

ソ連はI‐15、I‐16戦闘機やSB爆撃機を派遣したが、ドイツ製の軍用機が相手では厳しい戦いを強いられることも多かったが、速度性能がセールス・ポイントのI‐16やSBはそこそこの力量を示すことができた。I‐15やI‐16はスペイン国内でも生産されたが、残存機は革命戦争に勝利を納めたフランコ政権の空軍機となった。

多数の義勇軍を派遣したソ連空軍も学習したことが多く、この内戦の戦訓により編隊航空戦をソ連空軍の戦い方に取り入れ、また、ドイツ製のメッサーシュミットBf109やユンカースJu87急降下爆撃機、ハインケルHe111爆撃機が来るべきドイツとの戦争において脅威になるものと認識された。

だがその一方、ライフサイクル論的な見方で見れば実力的にはすでに壮年期に入っていたI-16やSBがある程度活躍してしまったことが、ソ連空軍に過信も与えてしまい、後の独ソ戦の初期の大敗北を招く遠因を作ったようでもあった。

日華事変

昭和十二年（一九三七年）に盧溝橋で起こった軍事衝突により、一九三一年からの満州事変以来続いていた中国と日本との対立は日中戦争へと拡大した。中国国内でも蒋介石率いる国民党と毛沢東の共産党とが対立しており、中国側は空軍力の組織的な活動も難しい状況だった。

ソ連ではそのような中国に対して一九三七年十月から空軍力支援を続け、独ソ戦が始まる一九四一年までに一二五〇機の軍用機と、約四〇〇〇人の兵員が派遣された。当時の中国空軍を示した青天白日の国籍マークのI-15系、I-16、SBなどは、中国人との混成とはいえ、かなりのソ連空軍からの義勇兵が操縦していたことになる。

一九三九年秋以降はヨーロッパで第二次世界大戦が始まり、三九年～四〇年冬にはソ連軍もフィンランドと交戦状態になったが、まだ全面戦争にはなっていなかったため、中国への支援がストップすることはなかった。

日本軍も近代的な装備で中国大陸への侵攻を優勢に進めてはいたが、ソ連軍の軍事介入などにより戦争は長期化し、結局、対米英への宣戦につながる南進（東南アジア方面への侵攻）に到らざるを得なくなった。しかしながら、派遣されたソ連軍の義勇兵が被った被害も軽いものではなく、搭乗航空兵だけでも二〇〇名以上戦死したと言われている。

ノモンハン事件

一九三八年夏のソ連と満州国との国境紛争では日本軍は航空戦力を投入することはなかったが、翌三九年五月二十二日から九月十六日にかけての満蒙（モンゴル）国境紛争、日本流に言えば「ノモンハン事件」、ソ連流に言えば「ハルヒン・ゴールの戦闘」では、空でも陸でも大規模な戦闘が起こった。この約四ヵ月に渡る戦闘では、ソ連軍は赤い星の国籍マークを付けて軍事活動を行なった。

空の戦いでは、緒戦は日本陸軍が優勢だったが、ソ連空軍が夏頃から戦力を充実させるに従って、戦闘は日本軍にとって厳しいものになった。もとより、陸上戦闘では日本軍は一方的に敗れ続け、空の戦いもベテラン搭乗員が消耗するにつれ、形勢が逆転していったようである。

この戦いでは日本軍は予想以上の大損害を出して九月十六日に休戦となったが、ソ連軍に大きな脅威を覚えたショッキングな戦いだったと言われている。そのため、「戦闘」「戦争」での損害の大きさが目立たないようにと「事件」（国境紛争事件）と称したという論評もある。しかしながらこの休戦協定が成立してからは、一九四五年夏に日本軍が死に体になるまで、対日攻撃を踏み止まっていたということは、ソ連空軍もそれなりに大きな損害を被ったからということなのであろう。

冬戦争

一九三〇年代後半のナチスドイツの台頭は東西南北のヨーロッパ諸国への大きな脅威となったが、東、北部のヨーロッパの国々にとってはソビエトの存在も脅威となった。東ヨーロッパのエストニア、ラトビア、リトアニアのバルト三国は「相互援助条約」の名のもと、戦火を交えることなくソ連の領土に併合された。北ヨーロッパのフィンランドに対しても同様のやり方で占領要求条約を突きつけたが、今度ははねつけられて一九三九年十一月二十九日から両国間は戦闘状態になった。「冬戦争」と呼ばれる戦争である。

軍事力が弱い国に対して「条約」の名を語る実質的な占領を要求し、拒絶されるや軍事侵攻するやり方は国際的にも批判を招き、この戦争はソ連の国際連盟脱退につながった。そのため、ソ連軍は第二次世界大戦中は枢軸国軍と戦うので当然、中立国とはいえないが、連合軍ともいえない、やや微妙な立場になった。連合軍に参加した主要国との会議等には出席し、レンドリース協定による武器の供与は受けられたので、「みなし連合軍」ではあったが、フィンランドへの侵攻は大戦後の冷戦構造に至る禍根を残した。

冬戦争はソ連空軍機によるフィンランドへの空襲によって始まったことにより、空軍力のぶつかり合いと冬場の地上戦闘が主要な戦闘となった。いわゆる小国ほど積極的にフィンランドを支援し、オランダから輸入されたフォッカーD21戦闘機はフィンランドでも生産され、冬戦争ではソ連空軍のI‐15系、I‐16戦闘機を相手に互角以上の戦いを行ない、多数のSB、DB‐3といった双発爆撃機を撃墜した。

フィンランド空軍では少ない防衛費をやりくりして各国から軍用機を集める一方、

専守防衛に徹した戦闘機パイロットの養成に努めていたからである。

スカンジナビア半島のスウェーデンも中立国だったが、隣国の危機に「身の危険を感じて」英国から買い付けたグロスター・グラジエーター戦闘機やライセンス生産したハート軽爆撃機などをもって義勇軍を組織してフィンランドを支援した。

フィンランドはロシア革命から逃れたスラブ民族も多かっただけに、バルト三国のような訳にはいかず、ソ連軍への抵抗は強かった。「専守防衛」に徹した防衛戦闘力により、ソ連軍との撃墜率は一一：一にもなったという。しかし、結局は多勢に無勢のソ連軍の軍事力には抗しがたく、フィンランドはカレリア地方の領土を手放して、一時休戦とせざるを得なくなった。

独ソ戦前夜

日中戦争やノモンハンでは日本の航空部隊と、冬戦争ではフィンランド空軍と壮絶な空の戦いを経験したが、ユーラシア大陸の東西のはずれでこのような戦闘を行なうことができた基礎にはソ連の航空工業の生産力があった。生産工場は共産圏の計画経済のもとにあったので国営工場だったが地方に分散されており、航空機開発に際して指導的な役割を果たしたのは設計技師の名を冠した設計室だった。

一九三三年から三八年までの間にソ連の航空機生産能力は五・五倍にもなったと言われているが、この頃生産機数が多かったのはポリカルポフの戦闘機や多用途機、ツポレフ、イリューシンの爆撃機や、ベリエフの飛行艇などだった。

スペイン内戦での義勇兵らの経験により高速戦闘機の必要性が認識されると、一九三〇年代末期には練習機開発で経験を深めたヤコブレフや新進のラボーチキン、ミコヤン・グレビッチの設計室が新型戦闘機の開発を空軍から指示された。これらの設計室による近代的な戦闘機には完成度が低いもの、初期の様々な問題点が含まれるものもあったが、できる範囲での改修の後量産は強行された。独ソ戦の開戦がすぐそこに迫っていたからである。

独ソ戦の緒戦

ナチスドイツとソビエト連邦は一九三九年八月二十三日に不可侵条約を結んでいたが、ヒトラーとスターリンという独裁者を権力の最高位にいただく両国のこと、いずれ戦闘状態になることは避けられないと認識されていた。ドイツはすでにポーランド侵攻の後、約半年の準備期間を経て西欧の各国およびデンマーク、ノルウェーを攻め落とし、戦争を激化させていたが、ドーバー海峡を隔てた大英帝国だけは攻めきれなかった。空軍力によって英本土上空の制空権を確保した後に大ブリテン島上陸作戦を行なう予定だったが、とうとう制空権確保ができず、一九四〇年秋には英国占領は断念していた。

そこでまた約半年の時間を置いてナチスドイツは今度はソ連侵攻を行なおうと考えたのである。しかし、それはドイツ軍にとっても危険な二正面作戦に踏み込むという大バクチでもあった。

それに対して、ソ連の航空工業はもっと地に足が着いた戦争準備をしていた。軍用機は生産性を考慮して開発され、各工場も疎開先での生産を意識していた。全金属製のより近代的な機種も戦略物資の逼迫を想定して、木製化を可能にしていた。イリューシン設計室で一九三〇年代に開発されたＤＢ‐３長距離爆撃機は全金属製の近代的な構造だったが、ＤＢ‐３を発展させた改良型のＩℓ‐４は外形は空力的により洗練されていたものの木製構造をも取り入れた生産性が高い機体になっていた。対戦車襲撃機として有名になったＩℓ‐２シュツルモビクも大戦中に現われた機種だったが、木製構造による高い生産性を維持していた。

また、航空機の攻撃能力の重要性をソ連空軍は認識しており、当座でも空軍力となるＹａｋ‐６多用途機を急遽開発して戦力化し、Ｌｉ‐２、Ｐｏ‐２、ＵＴ‐１のような輸送機、練習機も必要に応じて爆撃機、戦闘機といった実戦機に転用する柔軟性を持っていた。

しかし、ソ連での空軍力の整備は必ずしも順調に行なわれていた訳ではなく、ドイツ軍が対ソ侵攻「バルバロッサ作戦」を開始した頃はまだソ連機の近代化はかなり遅れていて、大半は旧式機に占められていた。しかるに、ドイツ軍による侵攻の当初はソ連空軍は大変な損害を被り、一九四一年秋頃までドイツ軍の攻勢を食い止めるための苦戦が続いた。

ドイツ軍はモスクワ攻略を目標として優勢に侵攻していったが、制空権を握ってはいたが、戦線の拡大と「冬将軍」と呼ばれる数十年ぶりの大寒波の到来により、侵攻作戦の予定どおりの実施は困難になりつつあった。一九四二年からアメリカ合衆国はレンドリース協定によりソ連に対して積極的な武力支援を開始し、反共のチャーチルの英国ですら「ヒトラーを倒すためなら地獄の悪魔をも助ける決意」で、対ソ支援に踏み切った。これらの支援により、ソ連はＰ‐39、Ｐ‐40、Ｐ‐63、Ｂ‐25、Ａ‐20、ハリケーン、スピットファイア、ハンプデンなどを入手した。

だが、この間もソ連の航空工業は新型戦闘機、爆撃機の開発、生産を続けており、一九四二年にはＹａｋ‐7、Ｌａ‐5などの戦闘機やＰｅ‐2、Ｔｕ‐2などの新型爆撃機が戦力化されるようになった。

スターリングラードの戦い……クルスク大戦車戦

モスクワ攻略も成らなかったドイツ軍は、一九四二年夏からの約半年、工業都市スターリングラードを巡る決戦を挑んだ。前年のモスクワ攻防戦のように早い冬がやって来るまでドイツ軍優勢ながら、双方大損害の大規模な戦闘が続いた。しかし、この年の冬もドイツ軍にとっては厳し過ぎ、補給すらままならなくなった。ソ連空軍はIℓ-2や大口径砲を搭載して攻撃能力を高めた戦闘機を投入してドイツ軍の陸戦能力を弱め、かつ、ドイツ空軍の空輸能力を弱体化させていった。

スターリングラードの戦い以降、一九四三年春からソ連軍はドイツ軍への攻勢をさらに強めたが、ドイツ軍は戦力を立て直してクルスクに展開していたソ連中央方面軍を撃破し、再度モスクワ攻略を挑もうとする戦いを開始した。この戦いは第二次世界大戦における最大の戦車戦「クルスク機甲戦（戦車戦）」と語り継がれているが、空軍力も戦場において重要な役割を果たした。

ドイツ空軍はHs129、Ju87G、Fw190Fなどの襲撃機、ソ連空軍もIℓ-2やP-39ほか、戦闘機転用の襲撃機を機甲軍攻撃のために多数投入したが、より新型の戦闘機による航空戦も激しさを増していった。一九四一年、四二年頃はまだ練度が低く損害が大きかったソ連空軍もこの頃には十分な補給と豊かな経験により、ベテランの消耗に苦しみ始めたドイツ空軍を撃破し、七月中にはその攻勢を頓挫させることができた。

枢軸軍との戦いの結末

ソ連軍が戦った相手はドイツ軍だけではなかった。ドイツ軍は初期からの同盟国のイタリアほか、ルーマニア、ハンガリー、ブルガリア、スロバキアなどの枢軸軍を率いてソ連に侵攻していた。

枢軸軍はユーゴスラビアを攻略し、一地方のクロアチアを独立させてこれも対ソ攻撃に参加させていたが、これら東欧の枢軸国の中でもルーマニアのプロエステ油田はドイツ軍、枢軸軍への極めて重要な燃料供給源だったので、連合軍にとって重要な攻撃目標になった。米航空軍は枢軸国空軍機により激しい迎撃を受け大損害を被りながらも油田攻撃を続けた。ソ連での重爆撃機開発はＰｅ－８開発の失敗にも示されるように絶望的な状態だったので、この種の戦略爆撃は米軍重爆が行ない、ソ連空軍のＹａｋ－３などの新型戦闘機は東欧までやって来た米軍重爆の護衛を担当した。

北欧でのフィンランドとの戦いは一九四一年六月のバルバロッサ作戦開始に合わせて再開されており、「継続戦争」と呼ばれる三年二ヵ月に及ぶ戦闘が行なわれていた。先の冬戦争当時、国連加盟国各国は対ソ批判はしても、独ソ不可侵条約を結んではいてもソ連とナチスドイツとの戦争勃発が避けられない微妙な立場でもあったので、フィンランドへの有効な支援はできなかった。

そのためソ連への脅威に依然、曝され続けているフィンランドも止むに止まれず枢軸軍側に加わり、ドイツ、イタリアから武力支援が受けられるようになった。そうでもしなければ次々に新型軍用機を繰り出してくるソ連空軍を向こうに回しての三年以上の防衛戦争を戦い続けられる訳がなかったのである。とはいえ、この間もフィンランドは一方では国連側諸国との辛抱強い外交交渉の努力を続け、ようやく一九四四年の夏の終わりにソ連による侵攻の脅威が鎮まることになったのである。

フィンランドとソ連との戦争が終わるのと前後して枢軸諸国との戦争も次々に終了していった。ソ連は東側からのドイツへの攻勢を強め、シシリー、ノルマンディーへの上陸後、南、西から進撃して来た連合軍と呼応しながらドイツに占領されていた国々を解放して行くなか、ドイツの防戦は絶望的な状況になり、ヨーロッパでの戦いは一九四五年五月九日のドイツ軍無条件降伏で戦火は止んだ。

米英とのヤルタ会談により、対独戦終了三ヵ月後からソ連軍は対日侵攻を行なうこととなったので、欧州での戦闘が終わってからきっかり三ヵ月後の八月九日にはソ連軍はIℓ-10のようなさらに新鋭の機材をもって満州に攻め込んだ。このときまでに日本本土の大都市はあらかた焼け野原になったうえ原子爆弾を二発も投下され、すでに日本軍は消耗しきっていた。とても戦争を続けられる状態ではなく、一週間後の八月十五日にはポツダム宣言を受諾したが、ソ連軍の侵攻は秋まで続けられ、南樺太や歯舞諸島、国後、択捉、色丹島を占領した。この時期を過ぎての侵攻による北の島々の占領は、戦後半世紀以上を経て両国の禍根になっている。

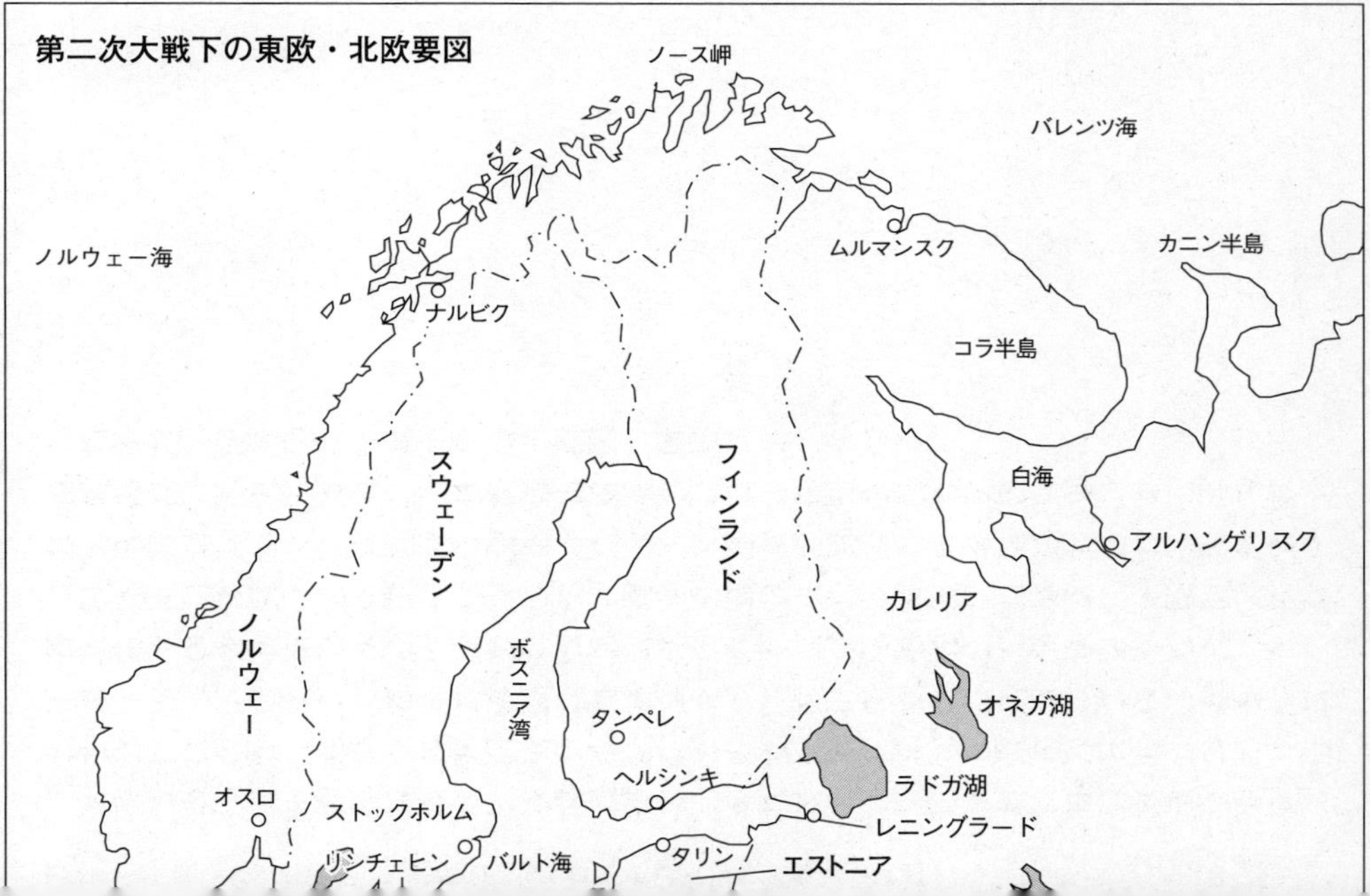
第二次大戦下の東欧・北欧要図
ノース岬
バレンツ海
ノルウェー海
ムルマンスク
カニン半島
ナルビク
コラ半島
スウェーデン
フィンランド
白海
アルハンゲリスク
カレリア
ノルウェー
ボスニア湾
オネガ湖
タンペレ
ラドガ湖
ヘルシンキ
オスロ
ストックホルム
レニングラード
リンチェヒン
バルト海
タリン
エストニア

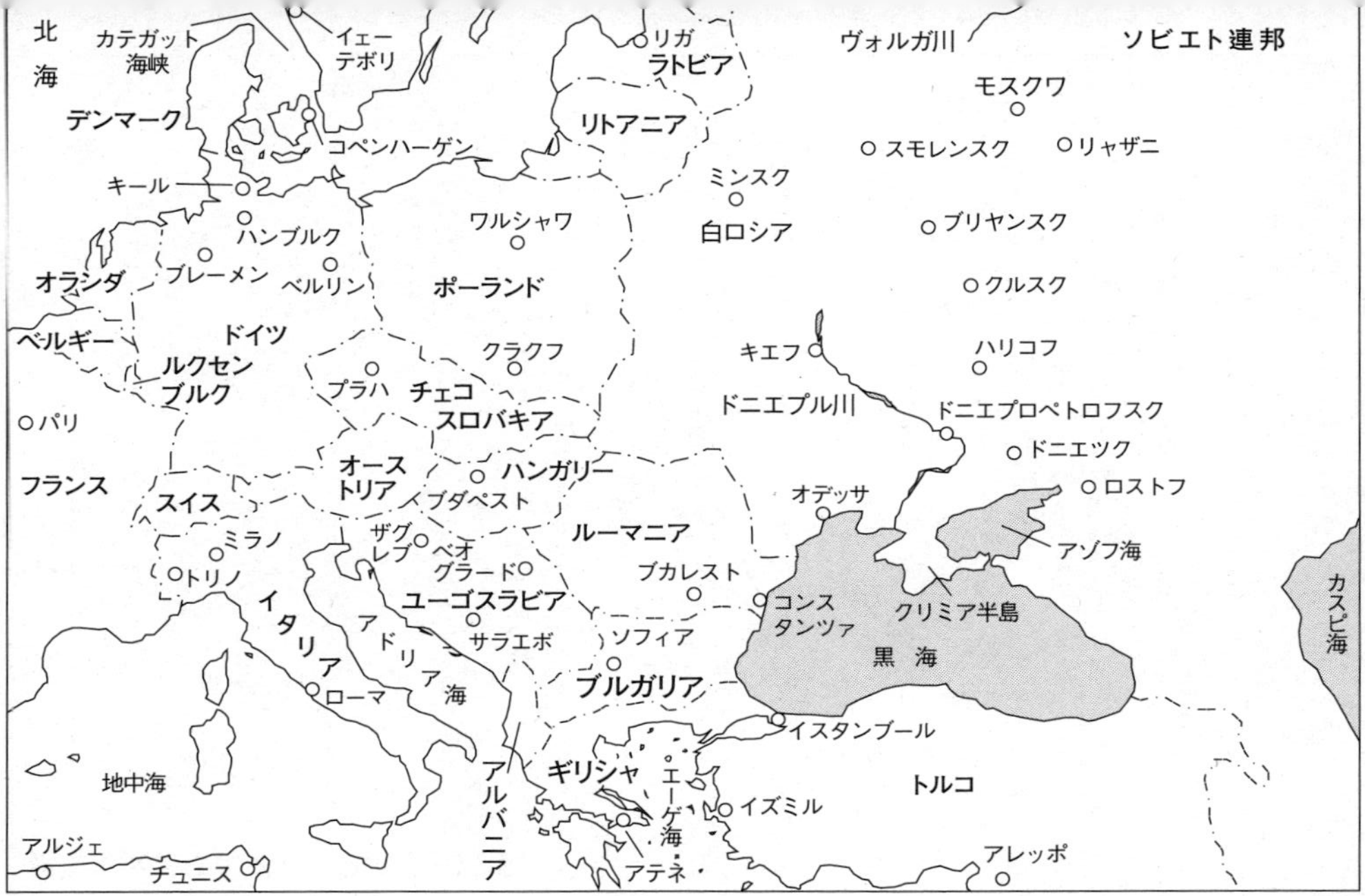
北海
カテガット海峡
イェーテボリ
リガ
ラトビア
ヴォルガ川
ソビエト連邦
デンマーク
コペンハーゲン
リトアニア
モスクワ
スモレンスク
リャザニ
キール
ミンスク
ハンブルク
ワルシャワ
白ロシア
ブリヤンスク
ブレーメン
ベルリン
オランダ
ポーランド
クルスク
ベルギー
ドイツ
ルクセンブルク
クラクフ
キエフ
ハリコフ
プラハ
チェコスロバキア
ドニエプル川
ドニエプロペトロフスク
パリ
ドニエツク
フランス
オーストリア
ハンガリー
ブダペスト
オデッサ
ロストフ
スイス
ミラノ
ザグレブ
ベオグラード
ルーマニア
アゾフ海
トリノ
ブカレスト
コンスタンツァ
クリミア半島
イタリア
アドリア海
ユーゴスラビア
サラエボ
ソフィア
黒海
カスピ海
ローマ
ブルガリア
イスタンブール
地中海
アルバニア
ギリシャ
エーゲ海
トルコ
イズミル
アルジェ
チュニス
アテネ
アレッポ

第二次大戦下の満州・極東北部要図

WWⅡソビエト軍用機入門

ベリエフMBR・2
Beriev　MBR-2

　ソ連海軍で最も一般的に使われた洋上偵察用飛行艇で、ＭＢＲは海軍短距離偵察機を意味する記号ということである。ベリエフ設計局は戦前、戦中、戦後を通して、軍用飛行艇や水陸両用機の開発、生産を続けていたが、その地位を築いたＭＢＲ‐２は第二次世界大戦を通じて使われたのにもかかわらず、初飛行は一九三一年という古い設計の機体だった。

　開発が始まったばかりのＭＢＲ‐２はドイツから輸入されたＢＭＷ６Ｚ（五〇〇馬力）を動力とし、垂直尾翼も角型で、操縦席も開放式だった。エンジンは主翼と艇体の付け根の上に支柱で保持し、推進式のプロペラを付けた。車輪かスキーを降着装置（但し固定式）として付加すれば、陸上機としての離着陸もできた。エンジンを七三

○馬力程度まで出すM‐17bとした生産型は一九三四年春にはソ連海軍航空隊への供給が始まり、一九三五年には主力機となっていた。爆弾類は主翼下に五〇〇キロまで搭載できたが、通常は三〇〇キロまでの搭載だった。

一九三四年からは民間輸送型のMP‐1が作られたが、胴体内に設けたキャビンに六名の乗客を乗せるMP‐1と貨物運搬用のMP‐1Tがあった。これらは武装を撤去しており、アエロフロートで民間機として使用された。

また、一九三四年にはエンジンを七五〇〜八二〇馬力出せるAM‐34NBに換装したMBR‐2bisの開発に着手した。この改良型は垂直尾翼の形状を再設計したり、また、コクピットが密閉式となったほか、主翼の後ろの胴体上銃座もキャノピーで覆われ、乗員の居住性、機体の空力性が改善された。機体構造も初期の型よりも強化されていた。第二次大戦中のMBR‐2はこのbisが主力となっており、生産が一九四二年まで行なわれていたのだから、開発開始から一〇年後も生産されていたことになる。

英海軍のスーパーマリン・ウォーラス飛行艇も記録的な長寿機だったので、この種の機は頑丈な構造によって長く使われるべきでもあるのだろうが、陸上機の航続性能の向上やレーダー等電気通信技術の高度化などにより、水上機、飛行艇タイプの洋上

41　ベリエフ MBR - 2

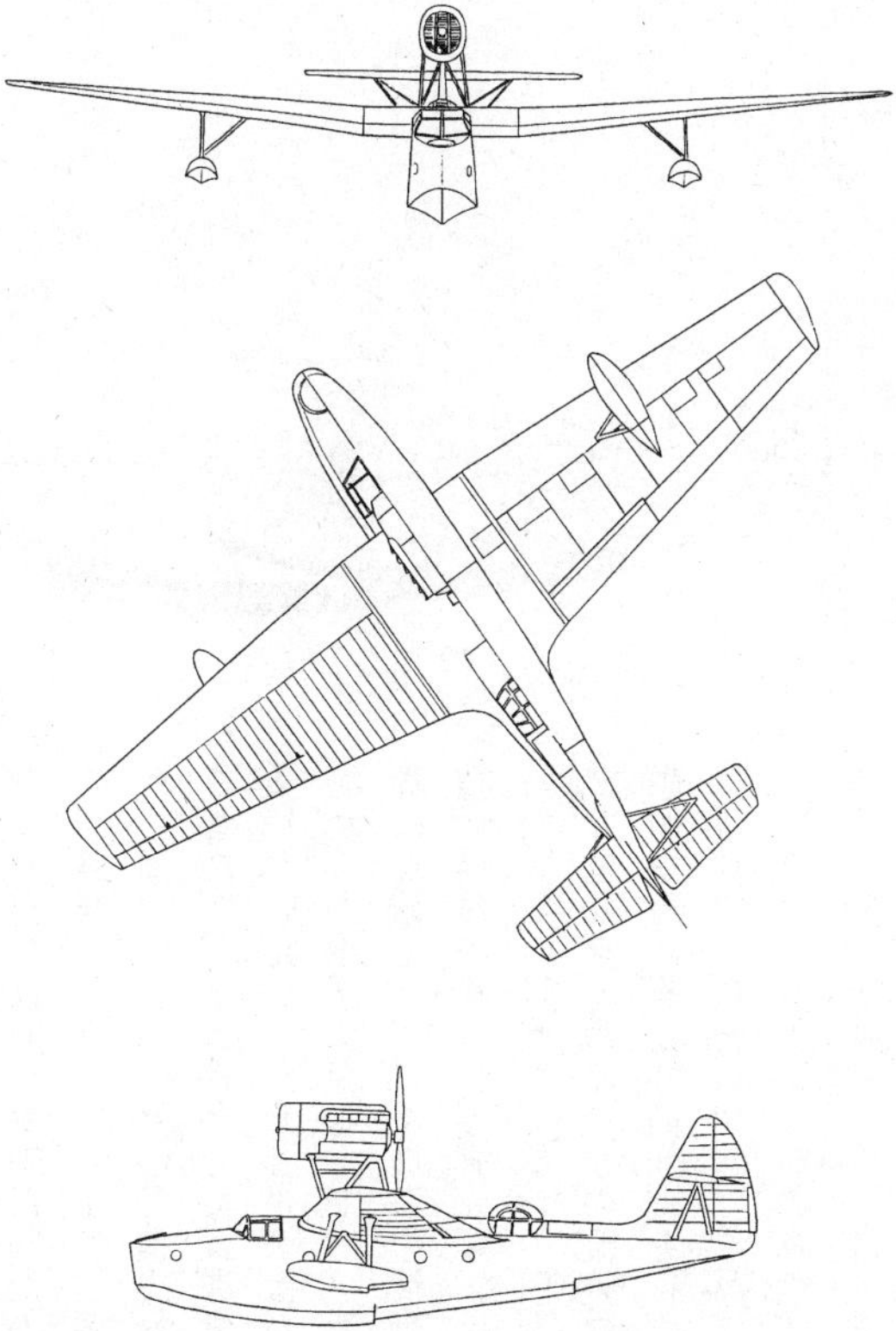

ベリエフMBR-2bis　エンジン：ミクリンAM-34NB(750～820hp)×1　全幅19.0m　全長13.5m　全高5.42m　全備重量4754kg　最大速度275km/h(高度2000m)　上昇限度7150m　航続距離800km　武装：7.62mm機銃×2、爆弾または爆雷を通常300kg、最大500kgまで

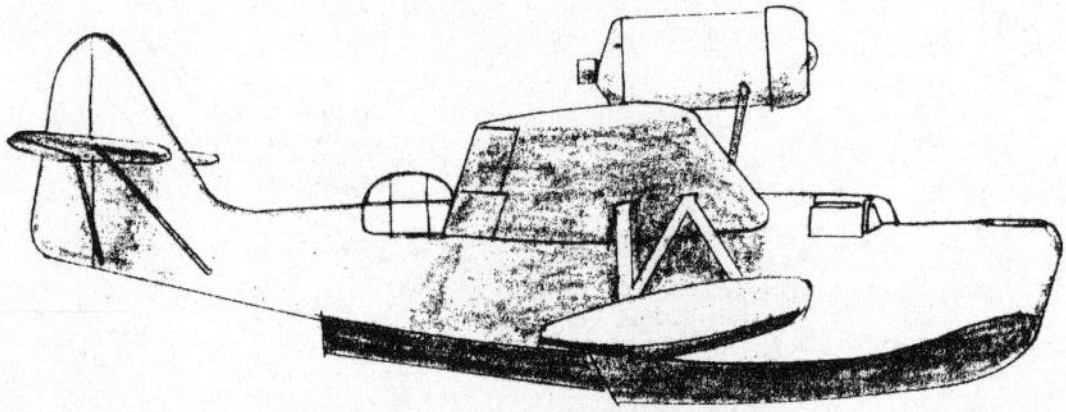

偵察機の高性能化も頭打ちになりつつあったことも時代的な要因だったのだろう。

ＭＢＲ・２、ＭＰ・１は、各型合わせて約一三〇〇機（一五〇〇機説もある）製作されたが、水上機としては非常に多い生産機数といえる。ＭＢＲ・２はバルト海、黒海から太平洋に至るまで、ソ連沿岸の航空隊に配備され、様々な海を活動圏とした。哨戒爆撃の際は、爆弾か爆雷を翼下に懸吊した。Ｍ・17ｂエンジンの旧型のＭＢＲ・２は尾部を改めるなどの改装をし、高速巡視船や魚雷艇と共同作戦を行なうＢＵに改造された。

ＭＰ・１もエンジンの高性能化が図られ、ＡＭ・34ＮとするＭＰ・１１ｂｉｓが一九三七年から供給された。女流パイロットの

Ｐ・Ｄ・オプシェンコは一九三七年五月、ＭＰ‐１ｂｉｓに搭乗し、荷重高度記録を樹立し、同年七月には女性搭乗員だけで二四一六キロを一〇時間三三分で飛行する記録を樹立した。

ＭＰ‐１ｂｉｓは海洋の沿岸や河川を結ぶ航空輸送手段として重用され、魚群探査用に用いられたものもあった。また、ＭＰ‐１系の輸送飛行艇の中にも、戦争激化により一九四一年夏頃からソ連海軍に軍用輸送用途で徴用されたものもあった。

なお、魚群探査用のＭＰ‐１ｂｉｓは最後のものは一九七〇年代になってもなお使われていたといわれている。

ベリエフKOR・1(Be・2)
Beriev KOR-1

ソ連艦隊が備えた一般的な艦載水上偵察機だったが、フロートを固定脚に交換した陸上型もあった。米海軍のカーチスSOCシーガルに相当する軍用機だったが、ソ連海軍の艦隊が米海軍の艦隊ほど目立つ存在でもなかったため、KOR・1(Be・2)もシーガル系よりも存在はずっと地味だった。

ソ連海軍では八〇〇〇トン・クラスの巡洋艦以上の規模の軍艦に艦載水上偵察機を搭載していたが、それまでKOR・1として使ってきたドイツから輸入した飛行艇ハインケルHD55の後継機として、一九三〇年代半ばには、MBR・2飛行艇開発で実績のあったベリエフ設計局に新型艦載偵察機の開発が要求された。スターリンの最初の五ヵ年計画により、ソ連海軍も装備の近代化が迫られており、また、英国製の新し

45　ベリエフKOR－1（Be－2）

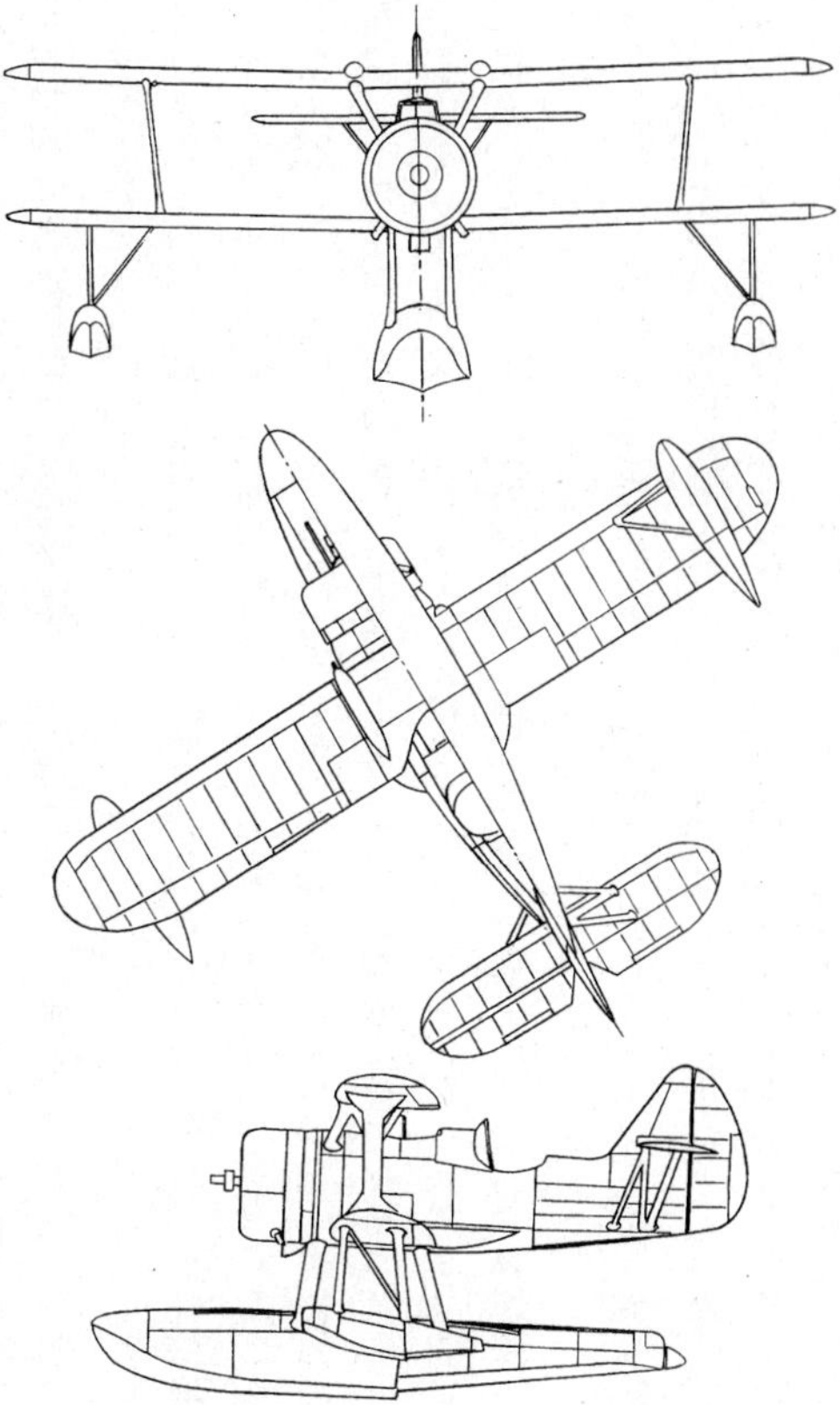

ベリエフKOR-1(Be-2)　エンジン：M-25A(700hp)×1　全幅11.0m　全長8.67m　全高3.8m　重量2486kg　最大速度277km/h　上昇限度6600m　航続距離1000km　武装：7.62mm機銃×3、爆弾200kg

いカタパルトが航空機搭載軍艦に備えられることになっていた。要求に応えて製作されたのが、新しいカタパルトからの発進が可能な小型の水上偵察機KOR-1で、単フロートの複葉機となった。試作機は一九三五年に完成し、一九三六年四月の初飛行後、テストに入った。

KOR-1の胴体は金属製の骨組みに前部がジュラルミン外板、後部は羽布張り、コクピットは半開放式、二重操縦装置で、アメリカのライト・サイクロンのソ連版であるM-25A（六五〇～七三〇馬力）を動力とした。エルロンは上翼にのみあり、下翼後縁にはフラップがあった。上翼と下翼は太いI型の支柱で保持されていた。武装は、胴体から支柱で保持される上翼付け根に前方射撃用の七・六二ミリ固定機銃が二梃、後席の七・六二ミリ旋回機銃が一梃、それに下翼下に一〇〇キロ爆弾二発を懸吊できた。

一九三七年～三八年にはごく少数のKOR-1が生産され、三九年からキロフ、カリーニンなどの巡洋艦に搭載され、偵察、弾着観測や連絡用に使われた。実際に使ってみると、エンジンの過熱やフロートの耐波性の問題などもあったがその後も生産は続けられ、一九四〇年までに少なくとも三〇〇機は作られた。艦載機としてだけではなく、MBR-2とともに沿岸の水上機基地で運用される哨戒機としても使用された

47　ベリエフKOR－1（Be－2）

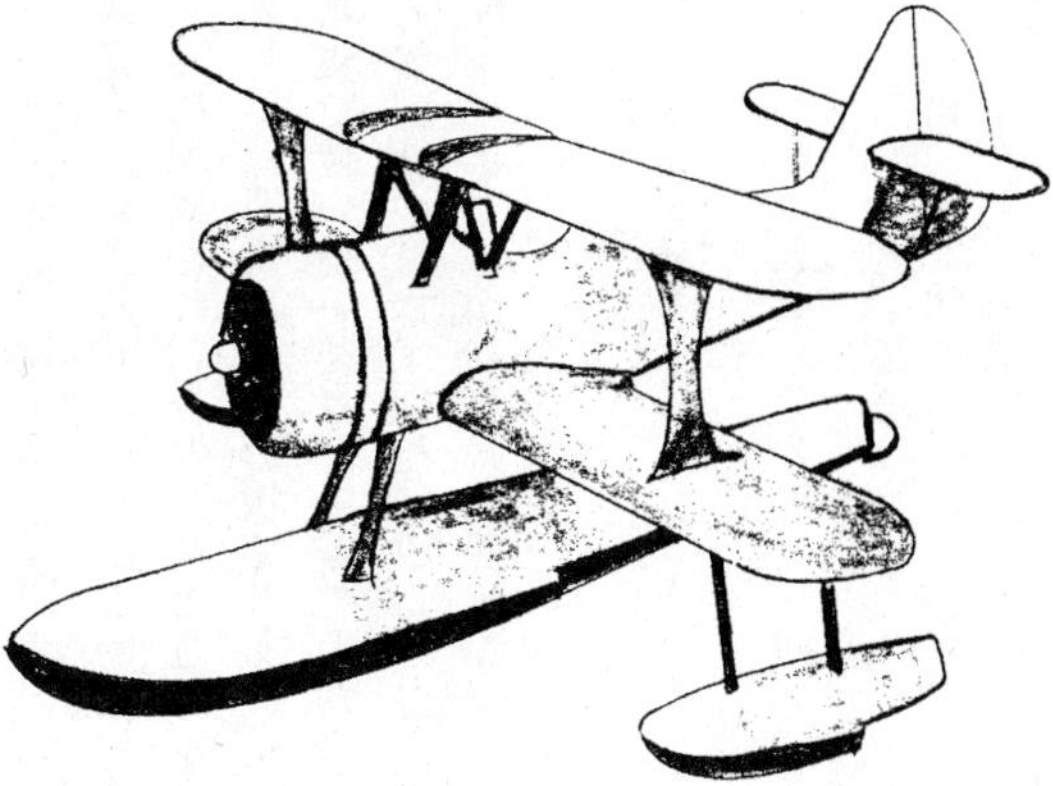

KOR－1も多かった。
KOR－1の名称のままだったが、一九四〇年にはより高出力のエンジンに換装され、プロペラも金属製の可変ピッチに変更した発展型が現われた。水平尾翼が不適切だったのにもかかわらず、発展型試作機は十分なテストもせずに前線部隊に送られて、事故で失われている。発展型の二号機も失われ、三号機がテストを受けた。三号機は制限を受けたが、水平尾翼

は位置が変更されることにより問題は解決された。

一九四一年一月に再びKOR‐1の性能向上が行なわれたときに新しいディジグネーションの決定方法によるBe‐2となった。まず、陸上機型が一九四一年九月に黒海沿岸のカチャに配属され、軽爆撃機としてルーマニア軍と戦った。この頃に現われた軽爆撃機としては旧式過ぎる形状ではあったが、水上機として開発された素性のため構造的に頑丈で使い易い利点があったのだろう。なお、陸上機型として作られたBe‐2のうちの何機かは水上機型に改造されたとのことである。Be‐2となった水上機型も一九四一年七月から実戦配備になった。

ベリエフKOR‐2（Be‐4）
Beriev KOR-2

一九三八年に発せられた要求により、ソヴェッキ・ソユーズ級の巡洋艦のカタパルトからの発進が可能な短距離偵察飛行艇で、設計はMBR‐2やKOR‐1同様、G・M・ベリエフが行なった。全金属製の小型単葉飛行艇で、垂直尾翼はMBR‐2bisのものと相似形だったが、全体的にさらに洗練された形状になった。MBR‐2の近代化を意図したMBR‐7の開発経験が活かされたことは明白だった。MBR‐7はMBR‐2のレイアウトを踏襲しつつ、空力的洗練、エンジンパワーアップなど近代化を図ってはいたものの、翼面積が小さくなったため翼面荷重が大きくなり、離着水が難しくなった機体だった。

艇体上部に保持されたエンジンは八五〇～一〇〇〇馬力の出力のM‐62で、エンジンナセルから逆ガルの主翼が伸び、操縦席はもうこの頃は当然密閉式になってはいたが、コクピットのキャノピーの直前でプロペラが回転するという、パイロットにとってもなかなかスリルに富んだレイアウトだった。艇体の底部は、ベリエフの前作のMBR‐7のものを範としていた。両翼下の補助フロートはそれぞれわずか二本の支柱で支えられていた。

武装は七・六二ミリ機銃が前方射撃用に一梃が固定され、後上方射撃用の七・六二ミリ旋回機銃が主翼後部の艇体上の半開放ターレットに設けられた。主翼下面の付け根に近いところに四〇〇キロまでの爆弾、爆雷が懸吊できた。

KOR‐2の試作初号機は一九四〇年には試験に入り、一九四一年二月初めから試作機二機による実用テストが行なわれた。このテストで最大速度は三五六キロ／時と確認された。試験の結果、シリーズ生産は決まったが、射出用のカタパルトの製造の遅れにより、本機の製造ペースも緩やかだった。

新型カタパルトでの射出試験は一九四一年七月三十一日に始まったが、独ソ戦開戦のため工場が疎開したことにより、シリーズ生産はさらに中断させられた。疎開中にも組み立て段階の約三〇機が破壊されている。工場疎開前に作られた部品から組み立てられた数機によって一九四二年に試験が行なわれた結果を受けて、四三年からクラ

51　ベリエフ KOR - 2 (Be - 4)

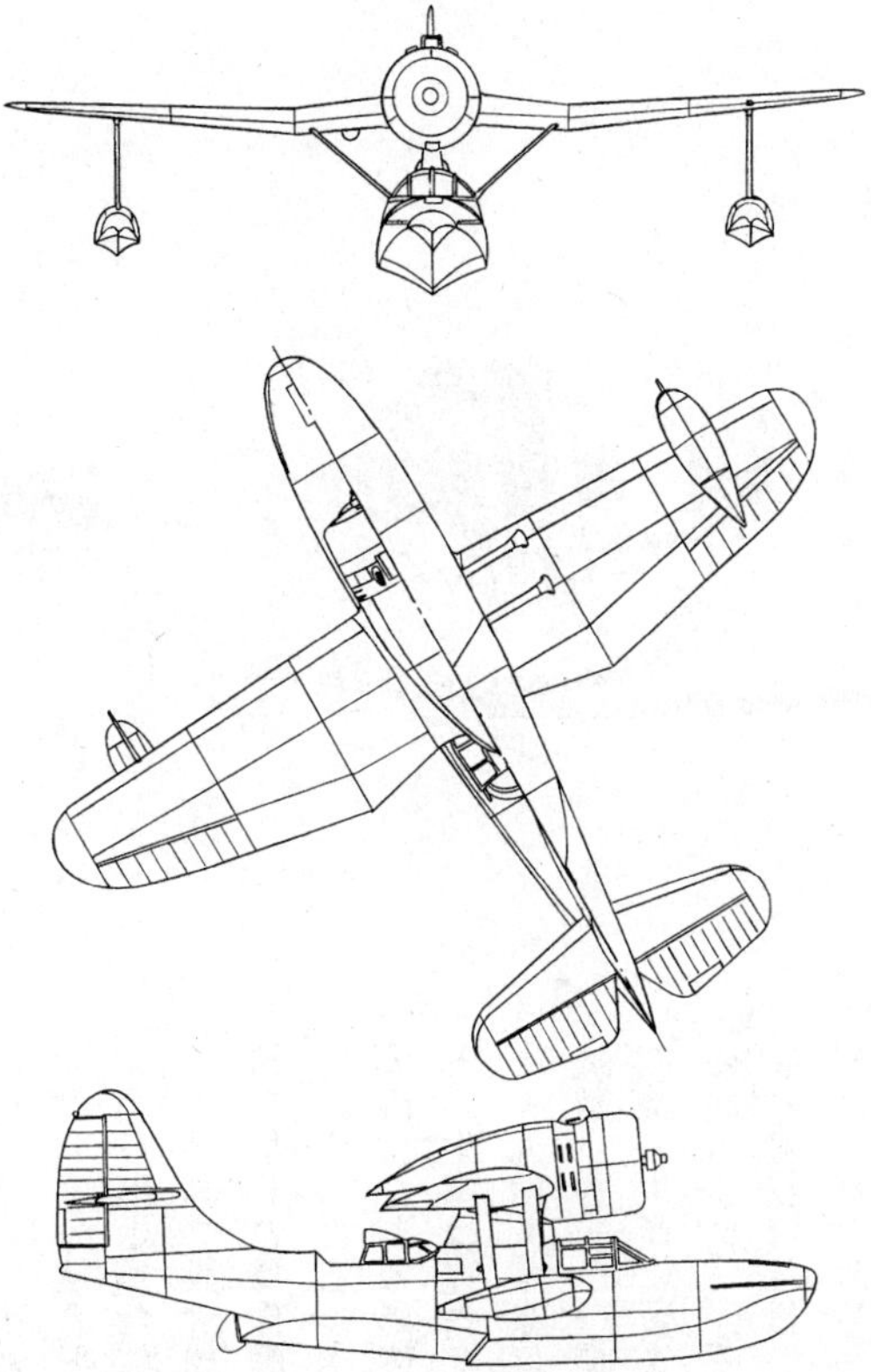

ベリエフBe-4　エンジン：M-62(1000hp)×1　全幅12.0m　全長10.5m　全高4.04m　全備重量2760kg　最大速度356km/h　上昇限度8100m　航続距離1150km　武装：7.62mm機銃×2、爆弾、爆雷を400kgまで

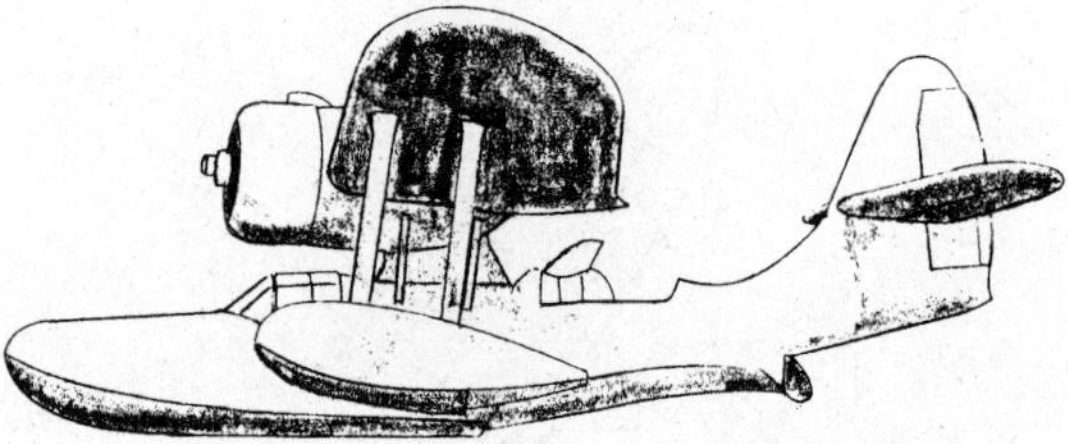

スノヤルスクの新工場で生産が再開され、少数機ずつが生産型Ｂｅ‐４として生産ラインから出始めた。
　ベリエフ設計局の技術的蓄積を集めた傑作艦載偵察飛行艇となったＢｅ‐４だが、大戦激化などの影響によりテスト、生産は遅れてしまい、結局一九四五年半ばまでの生産機数は約一〇〇機だった（四四機の生産に留まった、とする説もある）。カタパルト発進の艦載機として実戦部隊に配備されたＢｅ‐４のほか、バルト艦隊の沿岸航空隊に所

属する数機は、偵察や弾着観測、また、洋上救難機として使用された。

一九四二年半ばには急降下爆撃機として審査されたこともあったが、能力開発とは別により近代的なタイプの開発も続けられていた。Ｂｅ‐２の主翼の幅を大幅に延長して一八メートルとし、さらに出力の大きいＡＳｈ‐62（一〇〇〇馬力クラス）にエンジンを換装して、垂直尾翼も双尾翼式に改めたＫＯＲ‐９も試作されたが、量産には至らなかった。燃料の容量も増加して爆弾搭載量も増していたが、ＫＯＲ‐９の試作機の初飛行は一九四六年十月と戦後のことで、すでに軍用の小型飛行艇の需要が見込まれにくい時代になっていた。

チェトベリコフMDR・6
Chetverikov MDR-6

ソ連海軍航空隊が用いた飛行艇としては洋上短距離飛行艇のMBR・2が比較的知られた存在だったが、洋上長距離飛行艇を示すMDRでは実戦段階に至ったものはなかなか現われず、MDR・5まではいずれも試作機止まりだった。いくらかでも生産されたのは一九三六年から三七年にかけて設計されたMDR・6だけで、作られたその数もごく少数だった。

I・V・チェトベリコフの設計チームでは、全金属製の長距離飛行艇の開発に際して、可能な限り小さな艇体にして重量軽減を重視することとした。使用予定のエンジンがM・25Eという七五〇馬力程度の低出力のものだったこともあるが、MDR・5に至る失敗作の数々が重量超過による性能不足に陥ったことの反省によるものだった。

55　チェトベリコフ MDR - 6

チェトベリコフMDR-6　エンジン：M-63(1100hp)×２　全幅21.0m
全長15.73m　全備重量7200kg　最大速度360km/h　上昇限度9000m
航続距離2650km　武装：7.62mm機銃×２、爆弾、爆雷を1000kgまで機体の構造は強度の基準に適合させつつ単純化を図り、艇体はセミモノコック構造とされた。機首と艇体中央上部に動力銃座を備え、四〇〇キロから一〇〇〇キロ(過荷重)の爆弾類を主翼下部に懸吊できた。

初号機の飛行試験は一九三七年からセバストポリで行なわれ、速度性能は三三八キロ/時程度だったが、翌三八年から飛行試験に加わった、エンジンをM‐62(一〇〇〇馬力)に換装した試作二号機では三五〇キロ/時とわずかに向上した。試験の結果、同年末に一七機の製作が決まった。量産型のMDR‐6ではM‐63(一一〇〇馬力)を動力とすることになった。

量産型の生産は翌一九三九年から四〇年にかけて行なわれたが、出来上がったMDR‐6が逐次海軍航空隊に配備され、使用されるようになるにつれ、いくつかの欠点が明らかになった。それは、両翼のプロペラの回転が艇体に近すぎることによって起こる機内の騒音や振動、それに燃料供給系の不具合だった。それでもMDR‐6はバルト海や黒海、極東地区での海軍航空隊で使用された。

数々の欠点を抱えながらも制式化されたMDR‐6だったが、改良や性能向上の試みはその後も続けられていた。一九三九年秋には、まず翼面積を縮小し、高速化を図ったMDR‐6Aが試作された。フロートの形状を改良し、水上での特性を改良し

57　チェトベリコフMDR-6

たMDR-6B1は一九四一年春に初飛行を行なった。初回の一七機の量産命令以降はまとまった発注は行なわれなかったが、四三年にはB2、B3、四四年にはB4と改良試作型が作られ続けた。

MDR-6B4ともなると艇体は再設計され、エンジンも液冷のVK-104となり、量産型の一七機のMDR-6とはかなり異なる趣の外形になっていた。垂直尾翼に至っては三枚にも増やされていた。

最後の改良型は一九四五年に現われたMDR-6B5で、

本機の開発着手から一〇年目になっていた。これは、Ｂ４の垂直尾翼を双尾翼式にし、艇体も五〇センチほど伸ばして操縦席をプロペラの回転面より前方に移動させていた。結局、この最後の改良型も量産受注にはつながることはなく、ＭＤＲ‐６Ａから６Ｂ５に至る改良型はすべて試作機止まりだった、

航空機として見た場合、ごく初期の型がわずか一七機量産され、受注に結びつかない改良型の開発が延々約一〇年続けられたことにはいささかの虚しさを感じざるをえない。だが、長距離飛行艇を持たないがゆえレンドリースの船団が大きな損害を被りながらも戦争には勝ってしまうところが、連合軍、ソ連軍の底力というところなのだろう。

イリューシンDB・3

Iℓyushin DB-3

後に傑作襲撃機イリューシンIℓ・2を設計したセルゲイV・イリューシンの軍用機設計は、TsKB・26という試作長距離爆撃機から始まった（TsKB：中央設計局）。量産に至ることはなく、イリューシンにとっては習作だったとしても、それでも重量物搭載高々度飛行記録を樹立するなど、ただの習作とはいえない機体だった。

これに続いて設計されたTsKB・30になると長距離飛行性能が一層高まり、第二次大戦勃発の約半年前の一九三九年四月にはモスクワからカナダまでの約八〇〇〇キロを北極圏を突っ切り、悪天候に悩まされ続けながらも二三時間弱で飛行して世界中を驚かせた。しかし、この長距離爆撃機としての性格を強めたTsKB・30はすでに一九三五年に初飛行を行なっており、この機を原型とするイリューシン初の量産型軍用機となったのがＤＢ‐３だった。

ＤＢ‐３の量産、部隊配備は、この大飛行の二年ほど前には始められており、第二次世界大戦勃発の頃にはソ連空軍の主力長距離爆撃機となっていた。ＤＢ‐３は初期は七六五馬力のＭ‐85を動力としていたが、Ｍ‐86（九六〇馬力）に換装された。機体構造も全金属製となった。

この頃のソ連の軍用機は、戦闘機ならＩ‐、偵察機ならＲ‐、高速爆撃機ならＳＢ‐といった用途別の記号がデイジグネーションとされていたが、ＴｓＫＢ‐30の量産型は三番目の長距離爆撃機ということで、ＤＢ‐３となった。ＤＢ‐３の配属先は長距離航空軍（ＡＤＤ）や海軍航空隊（Ｖ‐ＭＦ）で、Ｖ‐ＭＦでは洋上を長時間飛行できる航続性能が期待された。ＤＢ‐３の当初の爆弾搭載は爆弾倉内に一〇〇キロ爆弾を一〇発と機外に大型爆弾搭載の組み合わせが想定されたが、Ｖ‐ＭＦ向けの専用雷撃機ＤＢ‐３Ｔが作られた。この雷撃機型は45‐12‐ＡＮ型航空魚雷を胴体下に搭載することができた。

ＤＢ‐３にとって最初の戦場となったのは、一九三九年の冬から四〇年にかけてフィンランドに攻め込んだ「冬戦争」だった。時のソ連の理不尽な要求が原因となって引き起こされた戦争だけに当時の国際連盟をも向こうに回してしまい、ＤＢ‐３爆

61　イリューシン DB‐3

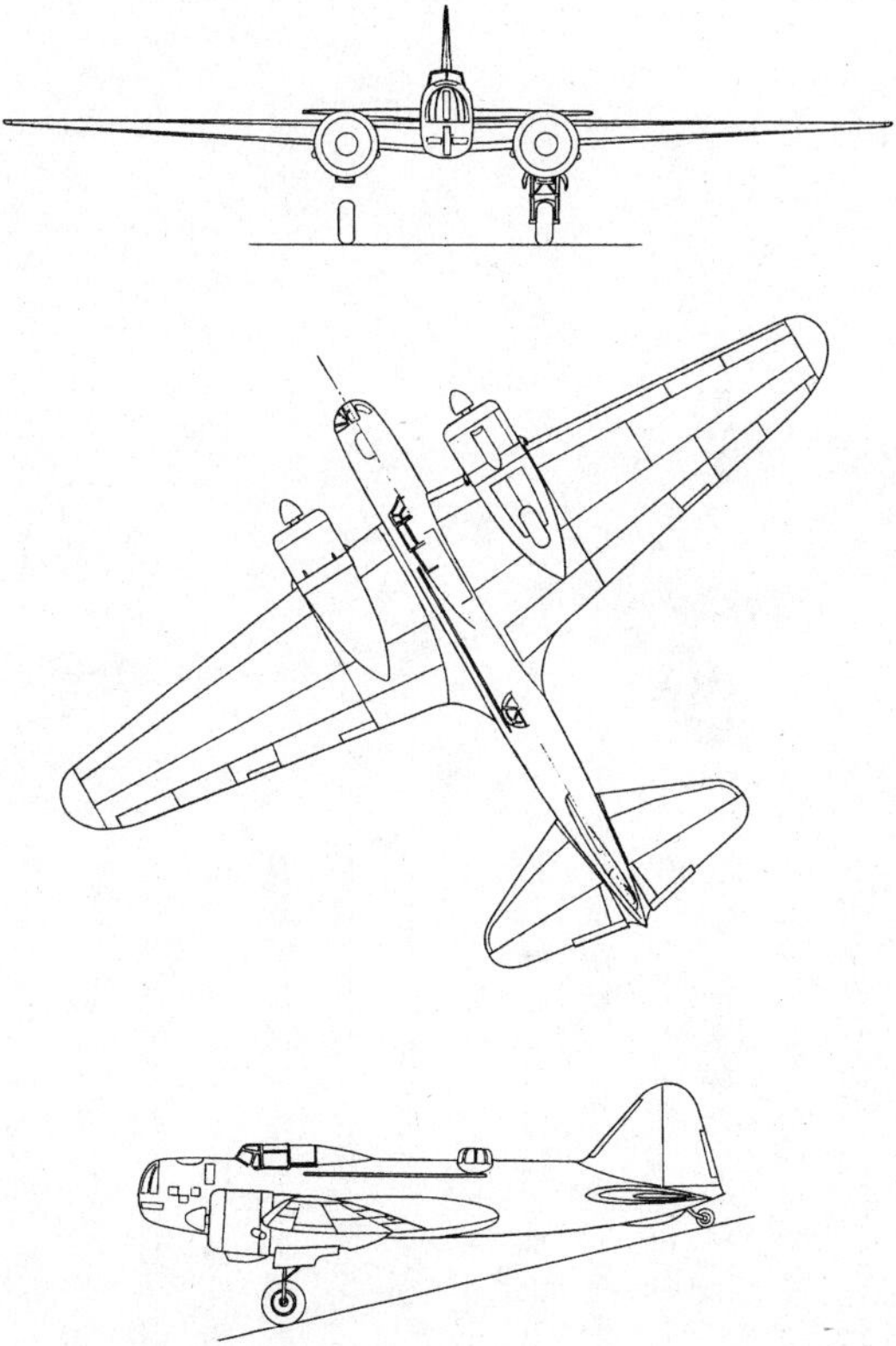

イリューシンDB-3　エンジン：M-87B(950hp)×2　全幅21.44m　全長14.22m　全高4.19m　全備重量7700kg　最大速度445km/h　上昇限度9700m　航続距離3800km　武装：2500kgまでの爆弾または航空魚雷×1、7.62mm機銃×3

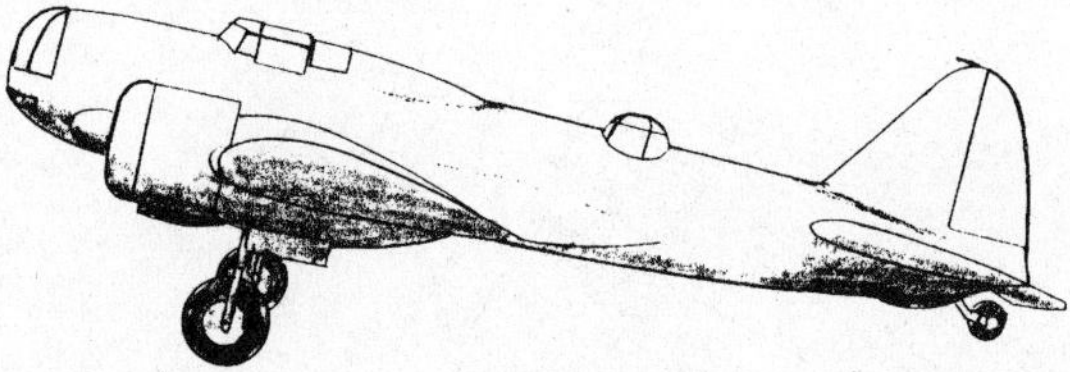

撃隊は「悪役ナンバー1」を演じてしまった。
しかし、フィンランド空軍機によって撃ち落とされたDB‐3はタンペレのフィンランド国営航空機工場で修理されてフィンランドの爆撃隊に再配備され、DB‐3は敵味方に分かれて戦うことになるという数奇な運命をたどっている。フィンランド空軍が運用したDB‐3は再生機の五機と、ドイツ軍が独ソ戦において捕獲した後にフィンランド空軍に供与した分とを合わせて一一機になった。
独ソ相互不可侵条約を破ってナチスドイツがソ連領内になだれ込むバルバロッサ作戦が一九四一年初夏に開始さ

れると、緒戦でソ連空軍は甚大な被害を被ったが、残存していたＤＢ‐３や新型のＩℓ‐４がソ連機として初めてベルリン空襲を実施した。悪役ナンバー１転じて英雄的爆撃機になったわけだが、実はその時機にはＤＢ‐３としての生産はすでに終えていた。大改修を加えたＤＢ‐３ＦからＩℓ‐４と名前を改めた新型長距離爆撃機に生産が移っていた。いわゆるＤＢ‐３シリーズは一九四〇年までに一五二八機が生産された。

ＤＢ‐３は第二次大戦初期においてはソ連空軍、海軍の爆撃隊で長距離爆撃機として重要な役割を果たし、新型のＩℓ‐４にその役割を引き継いでいるが、ＤＢ‐３についてはまだ知られるところが少ない。

イリューシンIℓ・4
Iℓyushin Iℓ-4

長距離爆撃機DB‐3は大きさ、重さの割には運動性能に優れ、ソ連海軍艦隊航空隊所属機として航空魚雷や機雷を装備して雷撃機としても活躍したが、機体の改良は依然続けられていた。一九三九年に現われたDB‐3Fに至り、空気抵抗が大きかったターレット型の機首は流線形のガラス張りの機首に改められ、エンジンもより高出力のM‐88（一一〇〇馬力）系に換装された。

DB‐3FのFは改良型を示す記号だったが、外形の印象が大幅に変わったほか、機体の強度も高められたことにより、設計室長のセルゲイV・イリューシンにちなんでIℓ‐4という別のディジグネーションが与えられた。

だが、外形に留まらない特筆すべき改良のポイントは、戦争の進展によって戦略物

65 イリューシンIℓ - 4

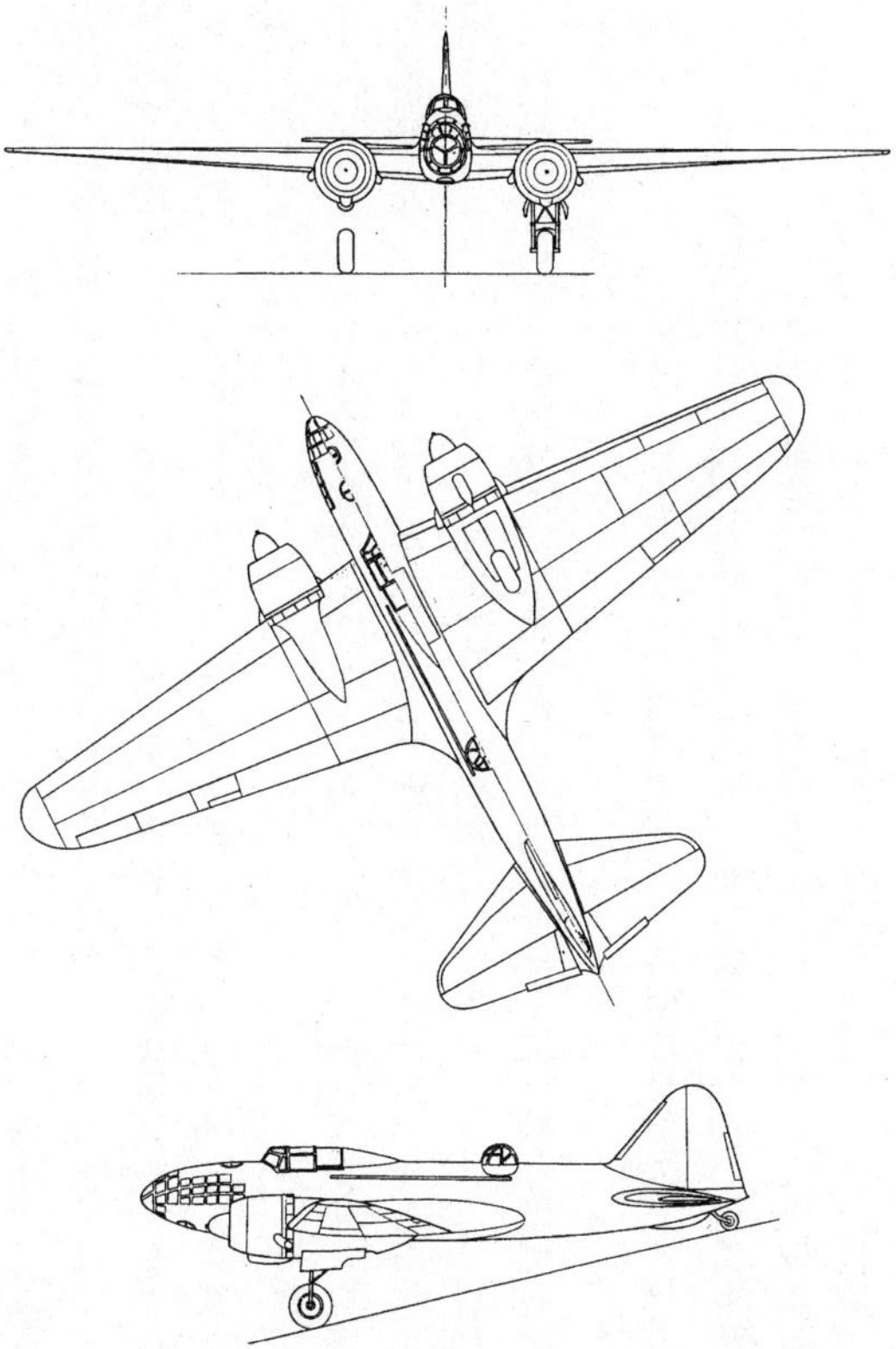

イリューシンＩℓ-4　エンジン：M-88B（1100hp）×２　全幅21.4m　全長14.8m　全高4.1m　全備重量11300kg　最大速度430km/h　上昇限度9700m　航続距離3800km　武装：2500kgまでの爆弾あるいは航空魚雷×１、12.7mm機銃×１、7.7mm機銃×２

資（金属）が不足することを見越して、木製の主翼桁での生産も可能にしたことであろう。Iℓ‐4は独ソ戦開戦一年前の一九四〇年から空軍や海軍の各部隊に配備され始めた。新型軍用機は通常、部隊配備されてすぐに戦力となる訳ではなく、試用、練成訓練、改修を経て実戦機となるものだが、DB‐3の使用経験があったとはいえ、Iℓ‐4に転換するやいなや大戦争に巻き込まれたというタイミングは、まさに「間に合った兵器」だった。

Iℓ‐4はその長距離性能を活かして、DB‐3とともにベルリンを空襲した最初のソ連機となった（一九四一年八月八日）が、海軍の北洋、バルト海、黒海など各艦隊航空部隊（AV‐MF）に配備され、雷撃機として出撃している。DB‐3の頃と同様に航空魚雷一本を胴体下に搭載したが、胴体後部下には機体外燃料タンクを懸吊することもできた。

だが、Iℓ‐4が活躍し始めた一九四一年という時期はナチスドイツの対ソ侵攻のバルバロッサ作戦が行なわれた時期でもあり、航空機ほか武器の製造も疎開して行なわれるなどソ連にとって非常に厳しい時期でもあった。金属など戦略物資が不足したため一部を木製にしたのはIℓ‐4も同様だった。金属製の機体の製造が一般的になると木製機の製造技術は後退してしまい、日本などは大戦末期に金属物資の逼迫によ

67 イリューシンIℓ - 4

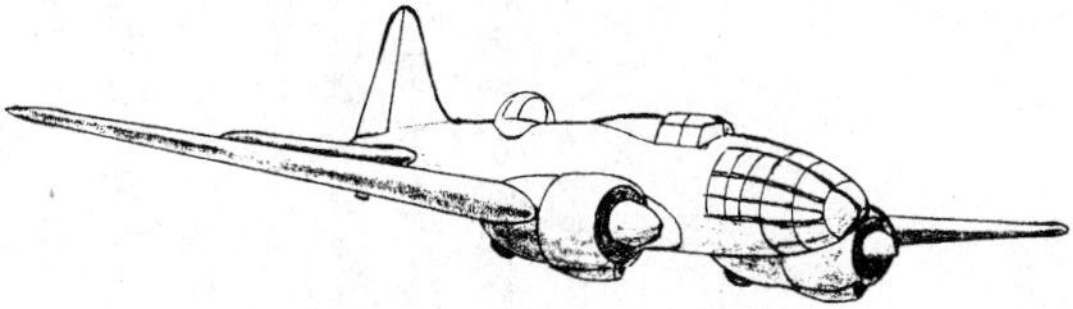

り大慌てで木製機製造技術の再開発に取り組むという茶番を演じてしまった。

金属製の機体を木製化するにあたって強度確保のための重量増加による性能低下、生産ラインや補給路の混乱などを招くものである。しかしながら、厳しいロシアの冬の寒さに耐えながらの不自由な疎開先での生産など様々の困難を克服して、あらかじめ木製化を視野に入れた軍用機の生産が続けられたことはスラブ民族の辛抱強さを示す一面といえるだろう。

Iℓ - 4は機体強度が高められたため重量がかなり増大し（DB - 3の最大重量が七・七トンだったのに対してIℓ - 4は一一・三トンに達した）、

機体が洗練され一九四二年には二速過給器を持つM‐88Bエンジンにパワーアップされたのにもかかわらず、DB‐3後期型の頃から性能的には大幅な向上はみられない。むしろ、最大速度や上昇限度は低下している。

しかしながら、不利な条件での生産性を確保する改設計は、本機の武器としての有用性を大いに高めた。Iℓ‐4の生産は一九四四年までに五二五六機が作られた。

Iℓ‐4も大戦中は相当数が枢軸国に捕獲され、フィンランド空軍で再利用される（四機）など敵味方に分かれて戦った。生産は大戦中に終わっていたが生産機数が多かったため、相当数が戦後になっても残っており、ソ連空軍、海軍以外にも戦後はポーランドやユーゴスラビア、中国でも使われた。

イリューシンIℓ-2
Iℓyushin Iℓ-2

セルゲイ・イリューシンはDB-3からIℓ-4に至る長距離雷爆撃機シリーズの開発成功後、かねて私案として暖めてきた新型襲撃機実現に向け開発作業に着手した。バスタブ型の装甲内にエンジン、コクピット、燃料タンクなどが納められ、多数の攻撃用装備を有し、低空から枢軸国陸軍の機甲軍を襲う姿は「空中戦車」と喩《たと》えられ、シュツルモビク（襲撃機）の決定版となったが、その開発は順調ではなかった。

もともと重装備機が軽快に飛び回ること自体矛盾しており、どうしても実現するならば軽量だが強度抜群の装甲用資材か、極めて強力なエンジンが必要とされた。イリューシンの計画は一九三八年から進められたが、これらの要件の実現と試作機の開発の追いかけっこだった。一九三九年末に初飛行を行なった試作機のTsKB-55はエンジンをＡＭ‐35としていたが、出力不足とエンジン過熱により満足できるものではなかった。

独ソ戦開戦が迫っていた時期だったため先行生産型のＢＳｈ‐２一〇機の生産が指示されたが、イリューシンはエンジンをＡＭ‐38に換えて単座化し、燃料容量を増加したＴｓＫＢ‐57を一九四〇年秋に完成させた。これによりＢＳｈ‐２はキャンセルされ、さらに視界向上など改造を加えたＴｓＫＢ‐55Ｐで高性能が確認されたので、Ｉℓ‐２として量産されることになった。固定武器は主翼内に二三ミリ機関砲と七・六二ミリ機銃を各二、主翼内爆弾倉に一〇〇キロ爆弾四発と翼下の爆弾架に一〇〇キロ爆弾二発およびＲＳ‐82ロケット弾八発かＲＳ‐132四発を搭載することができた。

量産型は独ソ戦開戦直前の一九四一年三月から現われ始めたが、戦争の激化の最中での生産性を考慮して装甲部や武器箇所を除く木製化も行なわれた。だが、単座型のＩℓ‐２は戦果を挙げても損害が多く、とくに敵戦闘機による後上方からの攻撃に弱かった。そのため早い段階で、当初からイリューシンが考えていたとおりの複座機に戻され、後部座席には一二・七ミリ旋回機銃が装備されたＩℓ‐２Ｍが登場した。このタイプのあたりからＩℓ‐２は枢軸国の機甲軍団を震え上がらせる空中戦車としての本領を発揮し始めた。

71　イリューシンIℓ－2

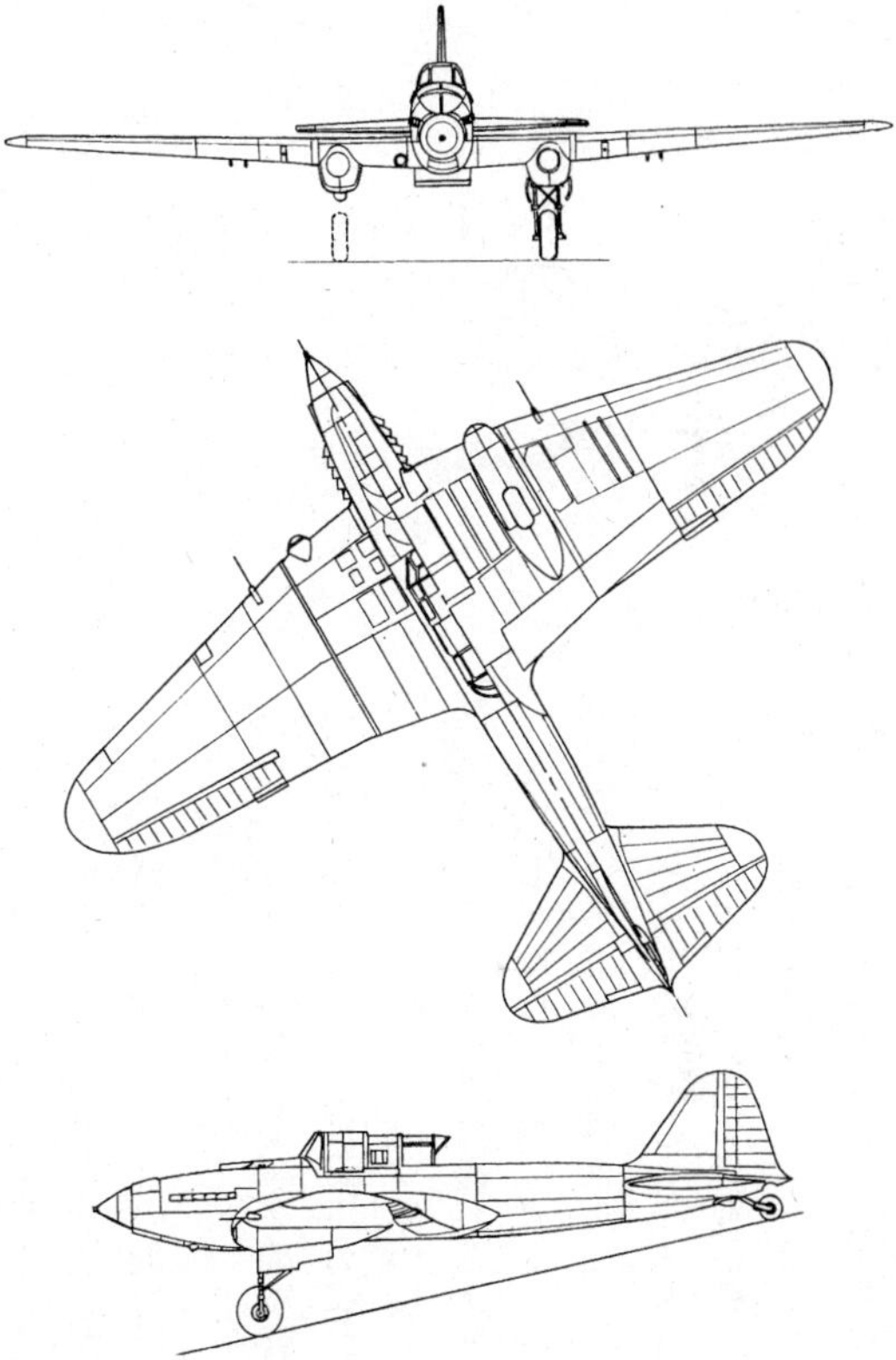

イリューシンIℓ-2m3　エンジン：ミクリンAM-38F（1750hp）×1　全幅14.6m　全長11.6m　全高4.11m　全備重量6360kg　最大速度404km/h　実用上昇限度3500m　航続距離764km　武装：23mm機関砲×2、7.62mm機銃×2、12.7mm機銃×1、爆弾600kgおよびロケット弾

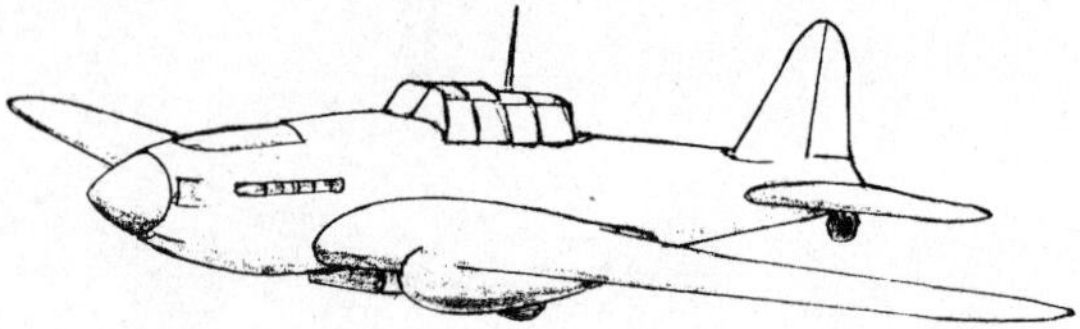

一九四三年のスターリングラード攻防戦には主翼の外翼を一五度後退させたIℓ・2m3が登場した。この新型翼によりIℓ・2の飛行特性、攻撃能力は大幅に向上した。この攻防戦の勝敗を分けたクルスク戦車戦ではドイツ空軍も対戦車攻撃用のユンカースJu87Gを投入してソ連の機甲軍を苦しめたが、操縦性に優れるIℓ・2m3が上空からの攻撃位置を占位して、ドイツ陸軍最強の戦車ティーゲルを次々に撃破したのはさらなる脅威だった（Ju87Gは翼下の対戦車砲により操縦性能が極端に劣化し、戦車攻撃は名人芸に近かったと言われる）。一九四三年からはIℓ・2m3の主翼には三七ミ

リ対戦車砲を装備したこともあった。

一九四四年頃からはドイツ空軍の航空戦力が弱まったのでソ連空軍も潤沢になった戦闘機を護衛に付けられるようになり、Iℓ-2も偵察任務で使われることもあった。Iℓ-2の外形的特徴には主車輪を後方に引き上げて半引き込み式の収納をするゴッつい車輪収納部があるが、激戦時には緊急輸送のためここに兵員を乗せて空輸したこともあったという。ソ連海軍航空隊もIℓ-2の供与を受けて海上戦闘で使用したことがあった。戦後、共産圏のソ連側の陣営に加わる衛星諸国もナチスドイツから解放された戦中、戦後にかけてIℓ-2を多数使用した。

Iℓ-2は練習機Iℓ-2Uも含めて三万六〇〇〇機以上にも上る生産機数を誇ったが、ソ連軍にとっていかに重要な軍用機であったかは「シュツルモビクは日々の生活のための黒パンと同じぐらい必要」という表現に示されているといえるだろう。

イリューシンIℓ・10
IℓyuShin Iℓ-10

イリューシンIℓ・2はソ連空軍、陸軍に大変歓迎され、枢軸国を相手に大戦果を挙げた歴史的な名機だったが、さらに強力なエンジン、二〇〇〇馬力クラスのAM・42入手の見通しがついた一九四三年には後継機の試作が開始された。新型襲撃機には二案あったが、一方のIℓ・8がIℓ・2の後期型の胴体に新設計の主翼と尾翼を組み合わせた暫定的なものだったのに対して、もう一方のIℓ・10は全金属製で全面的に新設計になっていた。

パイロットと射手は背中合わせで搭乗員席に着き、主車輪は九〇度回転させて後方に引き上げるヘルキャットやコルセアのような方式になり、主翼下部も胴体のラインも大いに洗練された。将来性が重視され、このようにまったく別機になったIℓ・10

75　イリューシンIℓ-10

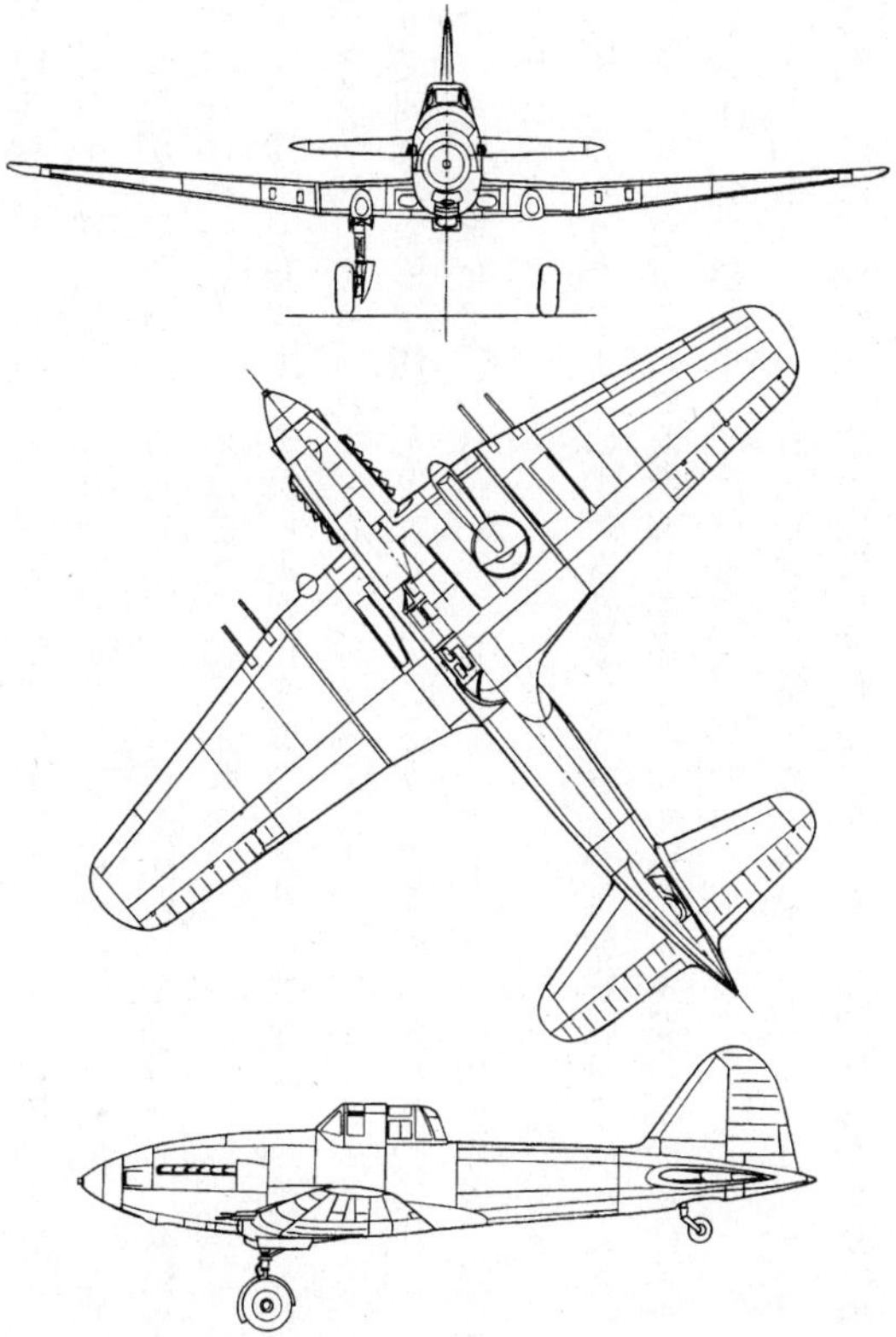

イリューシンIℓ-10　エンジン：ミクリンAM-42(2000hp)×1　全幅13.4m　全長11.12m　全高3.5m　全備重量6300kg　最大速度551km/h(高度2300m)　上昇限度7250m　航続距離800km　武装：20mm機関砲×3、12.7mm機銃×2、爆弾、ロケット弾など1000kgまで

の方が後継機に選ばれたが、開発、審査は急ピッチで行なわれた。その結果、量産は一九四四年八月から始められ、部隊配備はその二ヵ月後、実戦初参加は一九四五年二月からドイツ軍との戦闘において記録された。量産は進み、極東のソ連軍部隊にも配備されたが、同年八月十五日のポツダム宣言受諾の一週間前からの満州や朝鮮半島北部での対日戦にもＩℓ‐10は多数が投入された。

Ｉℓ‐10の開発ローンチから実戦化までの動きは大変な急ピッチだったが、練習機型のＩℓ‐10Ｕも作られていた。ソ連国内では大戦後、生産を終了するまでに各型合わせて四九六六機製作したと言われているが、共産圏の衛星諸国に加えられたチェコスロバキアのアビアでもＢ‐33、ＣＢ‐33（Ｉℓ‐10Ｕに相当）が一二〇〇機以上製作された。

戦後に作られたタイプの中でも特筆すべきものは朝鮮戦争中の一九五一年に現われたＩℓ‐10Ｍで、これは直線部分が多くなっていた。主翼の平面形は角張り、エンジンもＡ１‐42に換装され、尾部も改造された。

Ｉℓ‐10系は長く一九五六年頃まで第一線の襲撃機部隊にあり、一九五〇年からの朝鮮戦争には多数が北朝鮮軍に供与されたほか、衛星諸国にもかなりの機数が渡った。北鮮軍のＩℓ‐10は、すでにジェット戦闘機中心の時代に入っていたうえ搭乗員の練

77　イリューシンIℓ‐10

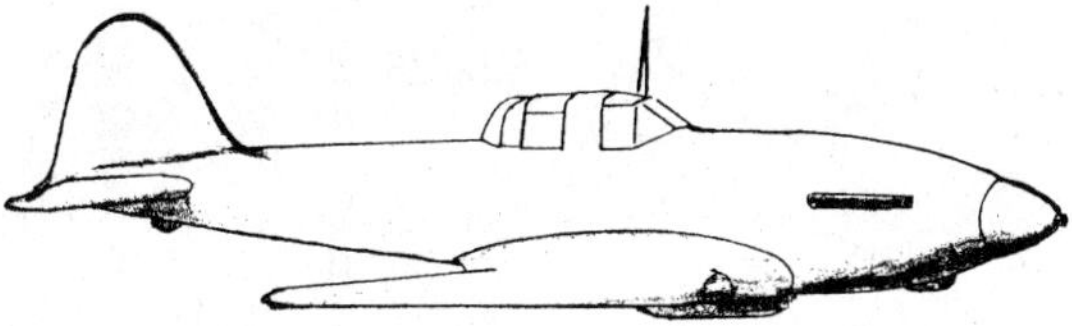

度も低かったため、国連軍を相手に大損害を被っている。しかし東欧諸国では、Iℓ‐10系が第一線を退いてからも練習機あるいは後方の要務飛行用機材として一九六〇年頃まで使用した。

Iℓ‐10や試作機に終わったIℓ‐8とは別にもIℓ‐2の流れを汲む軍用機がいくつかあったが、一九四四年五月に初飛行を行なった単座戦闘機型のIℓ‐1も量産が行なわれることはなかった。同年八月にはイリューシン・シュツルモビク系の大戦中の機種としては最後のものになるIℓ‐16が初飛行を行なった。Iℓ‐16は二三〇〇馬力が予定されるAM‐43NVを動力とし、Iℓ‐10の軽量化を図った機体だった、こういった措置により優れた操縦性と六二五キロ／時という速度性能が期待されたので、試作型の初飛行の前に量産オーダーが行なわれるほどだった。

しかしながら、予定エンジンの出力は不足気味だったうえ、試作機の段階で空力的トラブルも続出した。そのため、胴体が五〇センチ延長されたり、エンジンをAM‐42に戻して問題解決を図ったが、このゴタゴタにより大戦は最終局面の段階になっており、Iℓ‐16は終戦翌年の一九四六年までに五三機が生産されるに留まった。

コチェリギンDI‐6
Kochyerigin DI-6

一九三四年十一月からヤチェンコ技師がコチェリギン設計室に加わって開発された複葉複座戦闘機である。胴体と上翼はN型、上下翼はI型の支柱で連結された複葉機だが、主車輪は引き込み式だった。胴体は鋼管溶接構造、主翼は木製の骨組みでともに羽布張りで覆われ、エルロンや尾部はD6ジュラルミン骨組みを羽布張りとしたので、引き込み脚を除けばオーソドックスな構造、レイアウトといえたが、ほかにもいくつかの新技術が取り入れられていた。

原型機はアメリカから輸入されたライトSR‐1820‐F3を動力とし、NACAカウリングに保護された。電気式スターター、金属製プロペラといった一九三〇年代半ば当時の新技術も用いられていた。この頃では新しかった引き込み脚はケーブルを手動操作することによって上げ下げしていた。

搭乗員席には操縦士と観測員が背中合わせで着席し、操縦士は空中戦の際には望遠鏡式照準装置で照準を行ない、後方銃座を操作する観測員席は天蓋の一部と側面が風防ガラスに覆われた。両下翼下には固定機銃、後席には旋回機銃（ともに七・六二ミリのＳｈＫＡＳ機銃）がセットされ、胴体下には八〜一〇キロ小型爆弾（四発）用の爆弾架があった。

飛行試験は一九三五年五月二十七日から十一月二十一日にかけて行なわれ、複葉機ならではの優れた操縦性と複葉機としては高速といえる三八五キロ／時という速度性能が確認された。また、急降下時の安定性に優れていることも本機の特長だった。

複葉機か単葉機か、軽武装で運動性能重視の軽戦闘機か高速で重武装の重戦闘機かといった議論は各国で一九三〇年代から四〇年代初頭にかけて交わされていたが、ＤＩ‐６は同僚のポリカルポフＩ‐153とともに運動性能も高速性能も両得しようとした野心的な戦闘機ともいえる存在だった。

良好だった飛行テストの結果を受けてＤＩ‐６の名で量産されることになったが、量産型はサイクロン・エンジンをライセンス生産したＭ‐25（七〇〇馬力）を動力とし、装備追加などにより重量も一七五キロほど重くなってしまった。ＤＩ‐６の生産

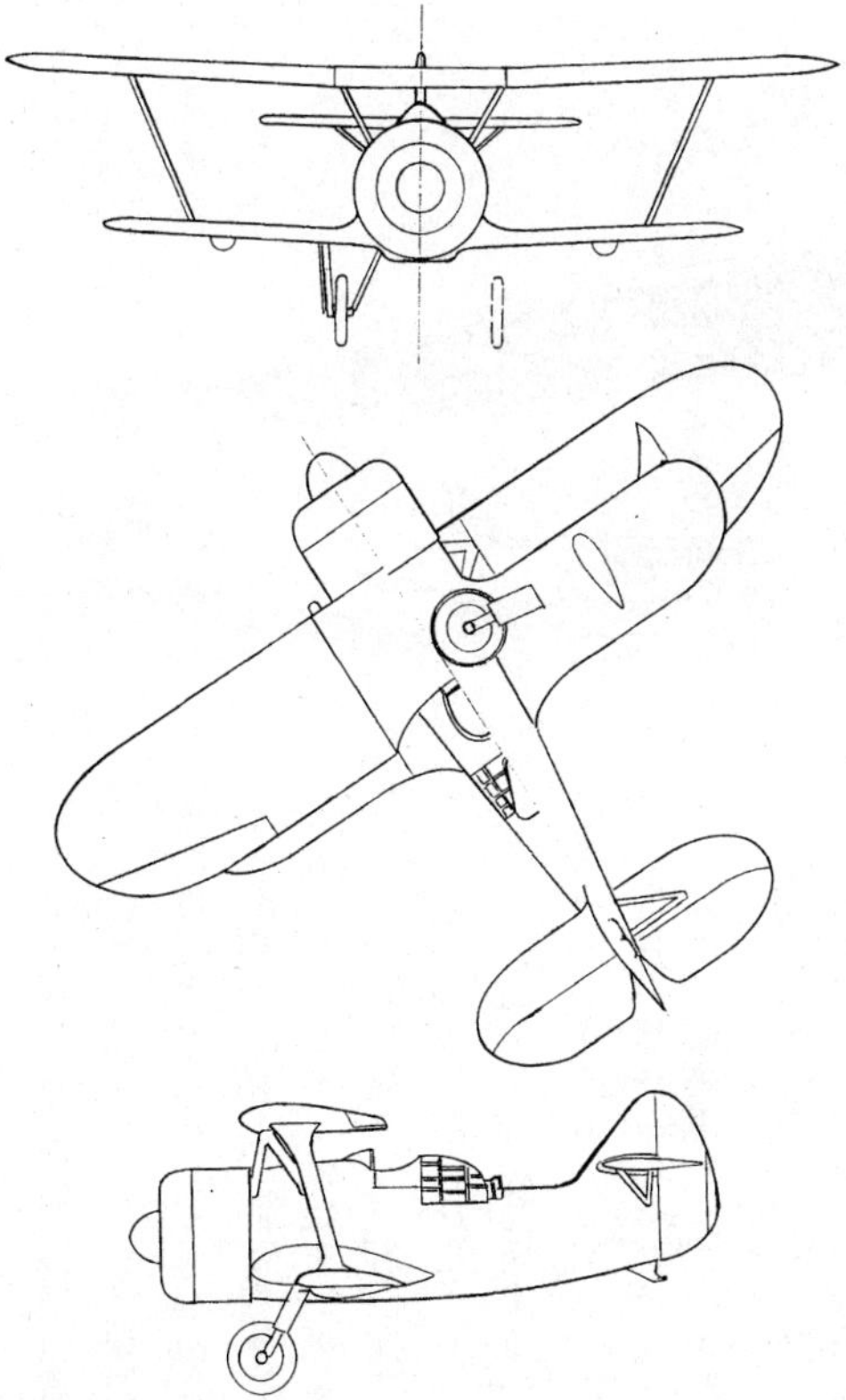

コチェリギンDI-6　エンジン：M-25（700hp）× 1　全幅10.0m　全長7.0m　全高3.0m　全備重量1955kg　最大速度372km/h　上昇限度7700m　航続距離500km　武装：7.62mm機銃× 3（固定× 2、旋回× 1）、爆弾40kg

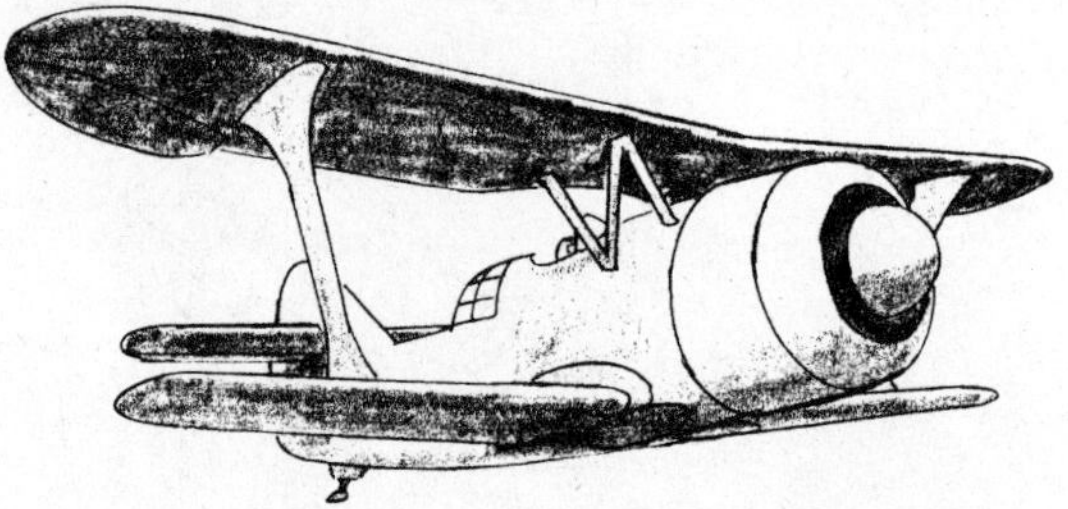

は一九三六年～三八年に行なわれて二二二機が作られたが、この時期にはDI・6の襲撃機型に当たるCCB・38（DI・6Shという別名もある）も開発された。CCB・38は八ミリ厚の装甲を装備し、両下翼下に七・六二ミリのPV・1機銃を二梃ずつ搭載した。この襲撃機タイプも一九三六年～三八年に六〇機作られた。

　第二次大戦が勃発する一九三九年には、DI・6とCCB・38と合わせて一三一機がレニングラード、ベラルーシ、キエフ、シベリアの航空部隊にあり、同年夏期のノモンハン戦争では日本陸軍機と、年末から一九四〇年にかけての冬戦争ではフィンランド空軍機と交戦した。一九四一年六月二十二日からの独ソ戦開戦時においても数機は依然として、旧式なI‐152、‐153やI‐16系と並んで戦闘機部隊の現役にあったと言われている。

独ソ戦が始まる頃はDI‐6は第一線任務をこなすには厳しい性能になっていたが、すでにDI‐6を基にする練習機型DI‐6bisも作られていた。DI‐6bisはより単純な固定脚の降着装置と二重操縦装置を持っていたが、速度はDI‐6よりも二五～三〇キロ／時程度低下した。このタイプは一九四〇年～四一年に数十機作られたとのことである。

ラボーチキンＬａＧＧ・３
Lavochkin LaGG-3

一九三八年九月よりシェミェン・ラボーチキン、ウラジミール・ゴルボノフ、ミハイル・グドコフによる設計室では合板デルタ材の研究に取り組んでいた。これは樺の木の薄板に合成樹脂を染み込ませ、一五〇度で加熱して接着する強化木材でベークライト材と呼ばれ、戦時体制下で戦略物資での航空機生産を制限したソビエト航空工業において広く使われるようになる。

この頃はナチスドイツ軍との大戦争を控えてソ連空軍でもＩ-16の後継機となる、次期主力戦闘機の開発をヤコブレフの設計室やミコヤンとグレビッチの設計室（ミグ設計室）にも指示していた時期でもあったが、ラボーチキンにゴルボノフ、グドコフが加わった設計室にも同じ指示が発せられた。これを受けてＬａＧＧ設計室ではベー

85　ラボーチキン LaGG - 3

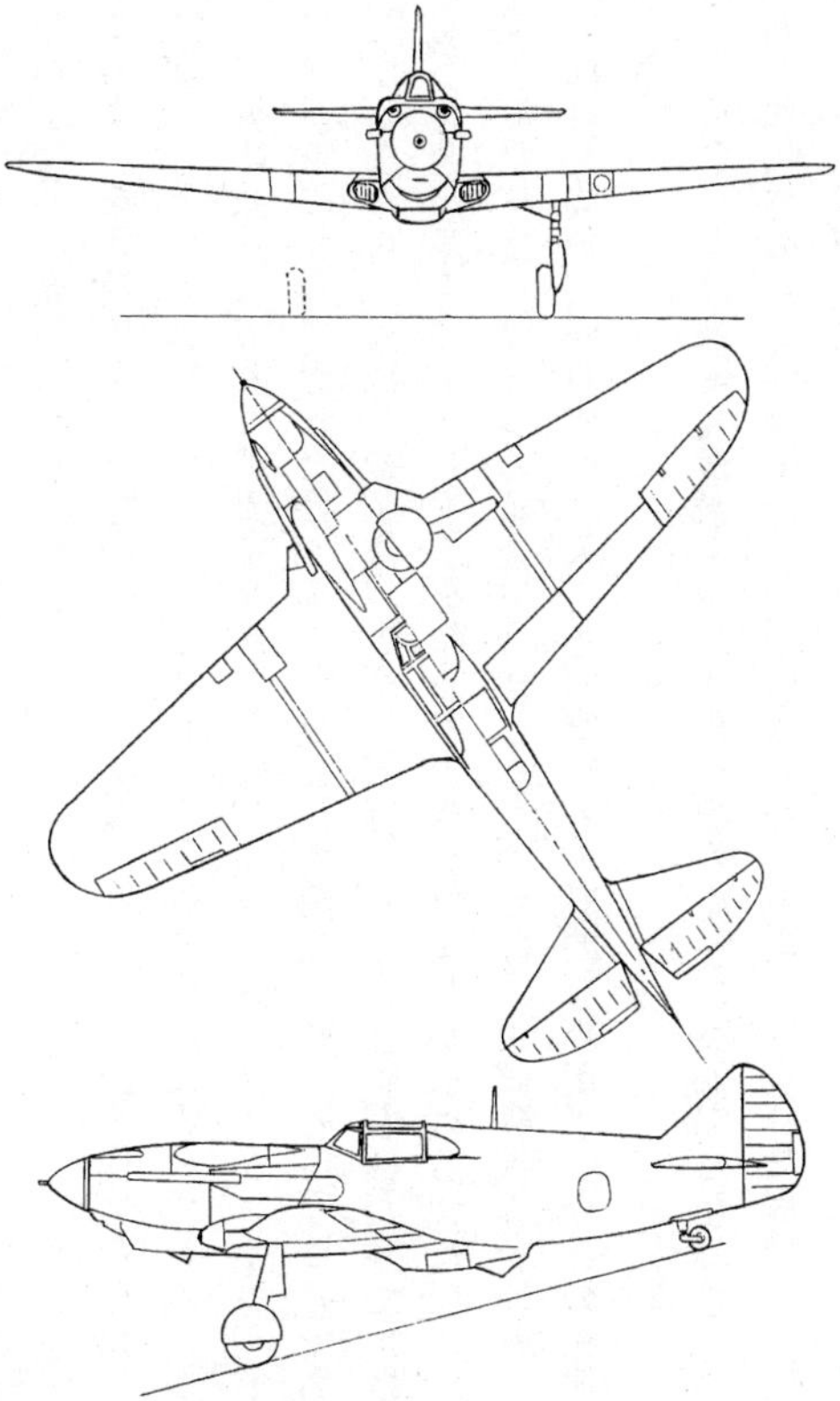

ラボーチキンLaGG-3（第1回量産型）　エンジン：クリモフM-105P（1100hp）×1　全幅9.8m　全長8.81m　全高4.4m　全備重量3346kg　最大速度575km/h　上昇限度9500m　航続距離1100km　武装：12.7mm機銃×3、7.62mm機銃×2

クライト材を生産技術に多用した同設計室初の戦闘機I‐22を試作し、一九四〇年三月十二日に初飛行を行なった。この試作戦闘機はLaGG‐1として採用が決まり、ただちに初期生産に入った。

このような状況はI‐200を試作したミグ設計室、I‐26を作ったヤコブレフ設計室も同様で、それぞれMiG‐1、Yak‐1として生産に入っている。つまり、スペイン内戦に派兵してみて戦火を交えてみたドイツのメッサーシュミットBf109の存在がソ連空軍にとってそれだけ大きな脅威として認識されたということである。

しかしながら、大慌てで試作、生産に移行された新型戦闘機だっただけにいずれも初期不具合が多く、Yak‐1を除いて大幅な改設計が求められた。こういった開発手順の流れには、試作機の審査に合格したものだけ実用試験機等を作り、ある程度まで完成度を高めてから生産に入る各国空軍の一般的な軍用機開発との相違が浮き彫りになる。

LaGG‐1は操縦性が悪かったうえ、離着陸時に不安定になる悪癖があったので、戦闘機部隊での転換訓練中に事故が続出し、「磨き上げられた保障付き棺桶」と白眼視される始末だった。

また、この頃のソ連の戦闘機には製造時の工作技術の問題も多く「同じ物が二機続

87　ラボーチキンLaGG-3

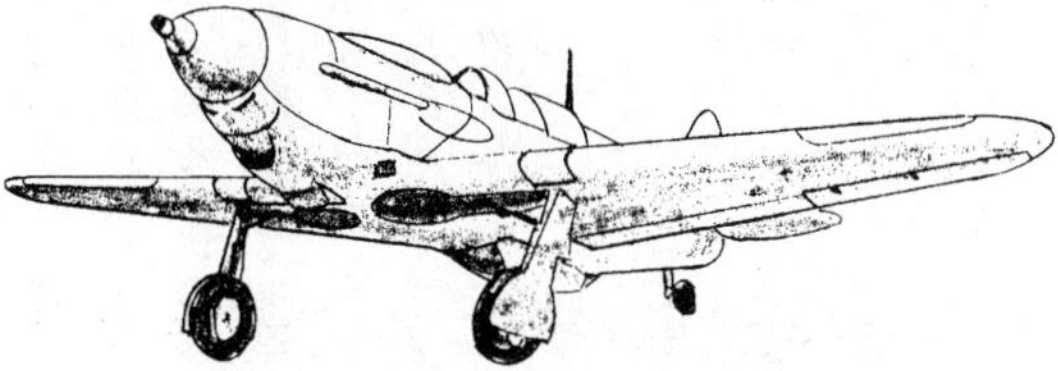

けて作られることはない」と言われたほどだったが、改良型をめざしたI-301を原型とするLaGG-3戦闘機には開発されたバリエーションだけで六六ものタイプがあった。LaGG-3の開発に当たっては、不具合是正と性能向上を搭載するエンジンのパワーアップで達成しようとしたが、動力として希望したミクリンAM-38（一六六五馬力）はIℓ-2に優先供給されたため、クリモフM-105Pエンジン（一一〇〇馬力）系の能力内での性能改善が行なわれた。

LaGG-3第一回量産型は機首上にベレジン一二・七ミリ機銃二梃のほか、やはり機首のブリスターに七・六二ミリ機銃二梃を備え、プロペラハブを通して射撃するモーター内の一二・七ミリ機銃も装備した。垂直尾翼の下部にはバランスウエイトが付いた。これら初期のＬａＧＧ‐３はフィンランドとの継続戦争において用いられたが、強敵だったフィンランド空軍機に撃墜されたしＬａＧＧ‐３の部品はフィンランド・タンペレの国営航空機工場で、修理、再生産されて、今度はフィンランド空軍の所属機としてソ連空軍機と戦ったという。

第四回量産型ではエンジン内の機銃が二〇ミリ機関砲のモーターカノンになり、第八回量産型ではモーターカノンが二三ミリ口径になったが、それ以外の機銃は七・六二ミリ機銃一梃となった。このタイプは日本陸軍の関東軍との紛争に備え、ソ連極東軍にも配備された。一一回量産型では翼下にＲＳ‐82ロケット弾六発を装備し、三四回量産型は三七ミリ口径のＮＳ‐37モーターカノンを装備したタンクバスターとなり四〇機が生産され、スターリングラード戦に投入された。三五回量産型では主翼前縁にスラットが付いて戦闘機としての完成度が高められた。

このようにＬａＧＧ‐３は生産バッチごとに派生型となりつつ六六回まで量産が行なわれ、一九四三年までに六五二八機が生産された。

ラボーチキンLa-5
Lavochkin La-5

ＬａＧＧ-３改良の試みが続けられていた時期でも根本的な改善策はエンジンの換装と認識されており、独ソ戦勃発から三ヵ月目の一九四一年九月から空冷星型のシュベツォフM-82・14気筒のエンジンを動力とする改造型戦闘機の開発が開始された。だが、この作業は当初は「最短でできる最良の策」とみられていたが、着手してみると実際はかなり大幅な変更が必要だった。

ＬａＧＧ-３のM-105Pエンジン（一一〇〇馬力）は幅が七七七ミリで重量五七五キロ＋ラジエター一七〇キロだったが、M-82（一六〇〇馬力）は幅一二六〇ミリで重量は八八五キロもあった。このままでは重心が大幅に移動しトップヘビーは避けられない状態になるので、エンジンを極力後方に取り付けて、モーターカノンと同調機銃の代わりに同調機関砲二門を機首上部に装備した。過給器へのインテークはエンジン上部に、滑油冷却器はエンジンカウルフラップの下にセットした。

このようにかなりの大改造を行なうとしても、空冷エンジンには少々の被弾でもエンジンダウンしにくく、さらに地上員にとっては冬場でもエンジン始動前の作業が軽減されるなどの利点があった。だが、何よりも出力に余裕があるエンジンを装着することになるので、新型戦闘機は基となったＬａＧＧ‐３よりも格段に優れた飛行性能、操縦性が得られることは明らかだった。

空冷エンジン戦闘幾Ｌａ‐５の試作機は一九四一年末にできてはいたが、離着陸や操舵に強い癖があったので、わずか四人の技師がこれらの不具合に取り組んだ後、公式テストに臨んだ。このテストにはヤコブレフＹａｋ‐７のＭ‐82エンジン搭載型も参加していたが、比較の結果、Ｌａ‐５の優秀さが認識された。

ラボーチキン自身はさらなる機体改善を望んだが、独ソ戦激化によりＬａ‐５の早期戦力化が要求され、初期のＬａ‐５はＬａＧＧ‐３の機体の部品を製造され、まずレザーバックの胴体のＬａ‐５から生産ラインを出始めた。しかし、初期生産型は接着や組み立ての不良といったソ連機特有の生産技術の問題により、事故が続出した。機関砲二門という武装もまだ未成熟な木製戦闘機にとっては荷が重かった。

91　ラボーチキンLa - 5

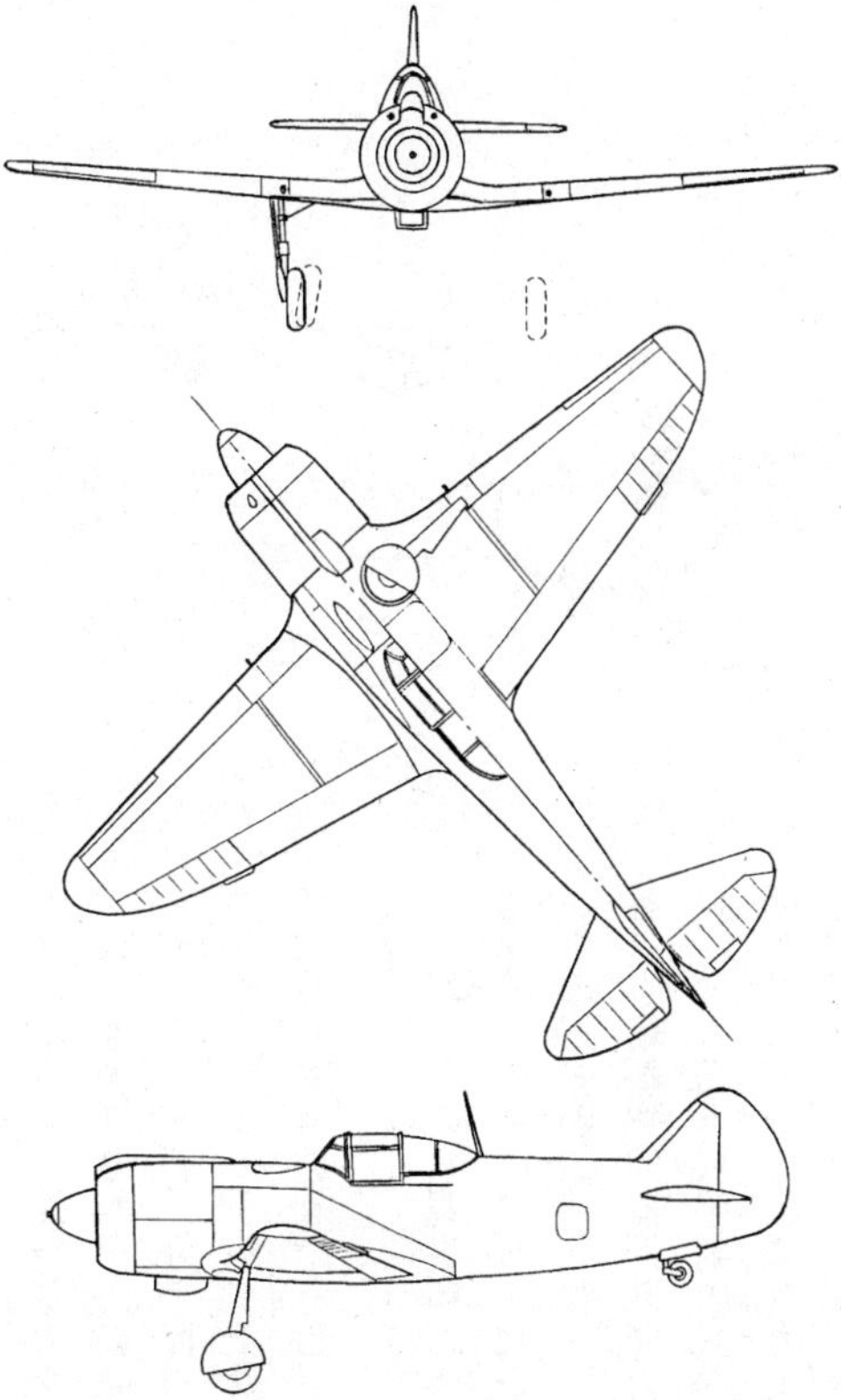

ラボーチキンLa-5FN　エンジン：初期型・M-82FN(1640hp)、後期型・ASh-82FN(1850hp)×1　全幅9.8m　全長8.67m　全備重量3290kg　最大速度634km/h(高度6250m)　上昇限度10000m　航続距離770km　武装：20mm機関砲×2、爆弾300kg

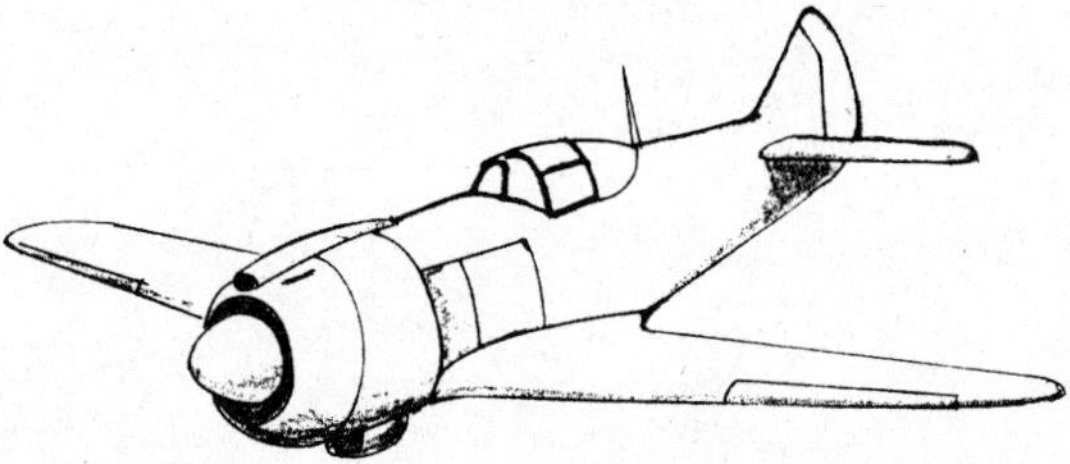

このような初期型の諸問題が解決された後、一九四二年九月からスターリングラードのソ連空軍の全連隊にLa-5が配備された。この時点ではまだドイツ空軍が制空権を握っていたが、ようやくLa-5がドイツ空軍の戦闘機に対しても勝利できるようになってきた。

La-5の新規生産バッチはいわゆる水滴型のキャノピーになり、操縦席からの視界が改善された。また、燃料容量も増加、武器搭載能力も向上していた。直接燃料噴射方式のASh-82FNエンジンを装備したLa-5FNは、急降下ダッシュなどドイツ空軍の戦闘機が行なう機動すべてに付いて行けるようになった。とくにLa‐5は低高度での航空戦においてドイツ空軍機に対して有利に戦え、強力な戦闘機として枢軸国の間でも認識されていた。

しかしながら、La‐5の泣き所の離着陸の難しさは依然解消されていなかった。前線部隊では練習機改装をしたり、生産ラインの一部でもタンデム複座型のLa‐5UTIを作ったりと、この弱点にやや引きずられた。

ラボーチキン設計室では続いてLa‐7の実戦投入も控えていたので、La‐5系の量産は一九四四年十月までで、それまでに約九九〇〇機が生産されている。

ラボーチキンLa・7
Lavochkin La-7

一九四四年のLa・5系の最終型は、主翼の外板はベークライト材ながら、ジュラルミン製の翼桁、インスパーリブに改めたLa・5FN／41で、この型は軽量化により燃料を五六〇リットル増積することができた。ラボーチキン戦闘機は航空用金属材料の逼迫が予想されることから伝統的に木製構造にしていたが、レンドリース協定により一九四三年にはジュラルミンなどが入手できるようになり、供給のメドが立ったのでこのような構造的な改良が可能になったのだった。

このような状況変化にともない、TsAGI（流体力学研究所）でのLa・5FNの空気抵抗低減の研究成果を取り入れたLa・120が試作された。主翼はLa・5FN／41以来の前縁が中央翼付け根で段がつく二段テーパーのものが採用され、胴体には

95　ラボーチキン La - 7

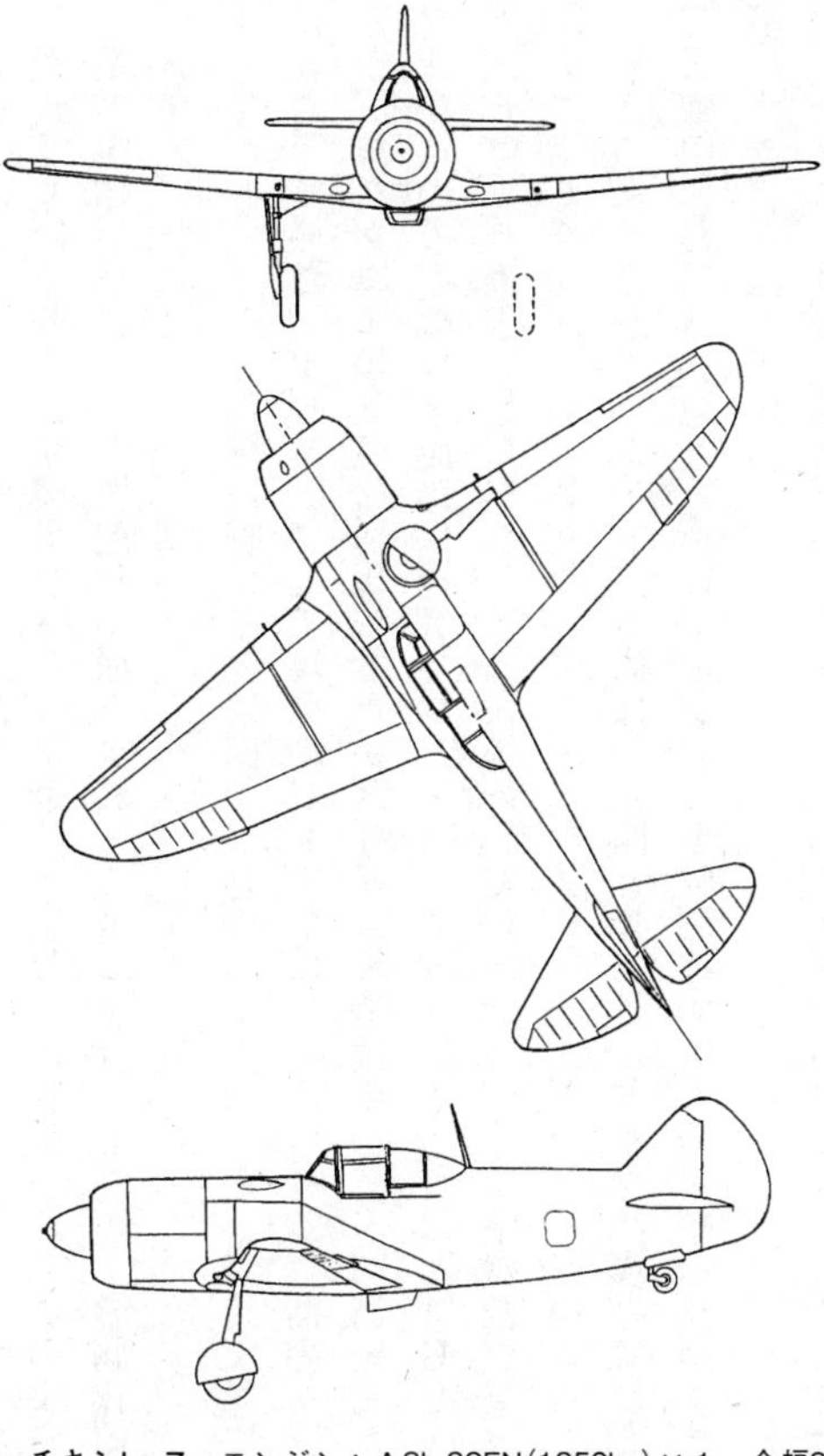

ラボーチキンLa-7　エンジン：ASh-82FN（1850hp）×1　全幅9.8m
全長8.64m　全備重量3240kg　最大速度680km/h　上昇限度10750m
航続距離990km　武装：20mm機関砲×2～3

La-5系との外形上の違いがわかりやすい空力的洗練が行なわれた。エンジン上部にあった過給器のインテークは中央翼付け根の前縁に移された。エンジンの下部にあったオイルクーラーは主翼のフィレット近くの胴体下に移動した。このようにLa-5系の胴体前部にあった突起物が撤去されたことにより、La-7の胴体前部は非常にクリアになった。

生産型のLa-7の部隊配備は一九四四年五月から始まったが、製造工場により武装は異なっていた。ヤロスラブリ工場製のLa-7は軽量のB-20機関砲を三門装備したが、モスクワ工場製の機体は依然重いShVAK機関砲を二〜三門備えた。

ソ連空軍の最高の撃墜記録保持者イワン・N・コジェドブ少佐はLaGG-3からLa-5に乗り継ぎ、さらにLa-7に搭乗して六二機という撃墜機数を挙げた。撃墜数第二位（五九機）のアレクサンダー・イワノビッチ・ポクルイシキンもLa-5、La-7に乗ったが、コジェドブ少佐は一九四五年二月にドイツ空軍のMe262を撃墜し、大戦中におけるソ連空軍機によるジェット戦闘機の唯一の撃墜をラボーチキン戦闘機によって記録している。

派生型としては複座練習機型のLa-7UTIが製作されたが、La-7はジェットエンジンやロケットエンジンが実用段階に達する前のテストベッドとしても使われ

97　ラボーチキンLa-7

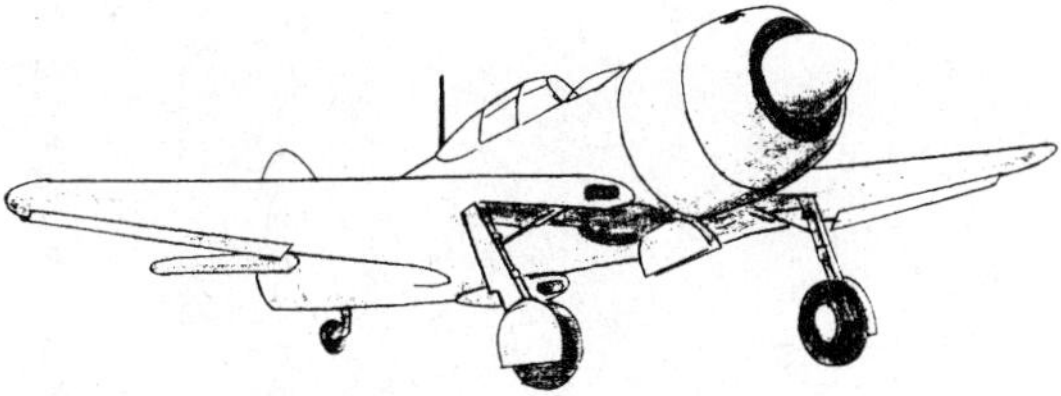

ていた。アメリカでもピストン・エンジンとジェットエンジンの複合動力航空機を何種類か試作していたが、ソ連でも「セミ・ジェット」というカテゴリーを設定し、様々な実験機を計画していた。それらの中にはRD-1ロケットエンジンを胴体尾部に装備したLa-7RやVRD-430ラムジェットを有するLa-7Sも試作されている。

　撃墜王の搭乗機となったラボーチキン戦闘機だったが、戦闘機である以前に、航空機として優秀だったので、困難な新技術のテストベッドとしても使用されたということができるだろう。

Ｌａ‐７に続いて量産されたＬａ‐９戦闘機に至る試作戦闘機、Ｌａ‐126は一九四五年初め頃に初飛行を行ない、ラボーチキン空冷戦闘機の開発可能性を示したが、すでにヨーロッパでの戦争は終わりに近づいていた。Ｌａ‐７よりもさらに空力的に優れたＬａ‐９の生産型が現われ始めた頃はもう第二次世界大戦は終結し、ジェット機の時代もすぐそこに迫っていた。

ミコヤン・グレビッチMiG‐3
Mikoyan-Gurevich MiG-3

ソビエト連邦の国家体制崩壊にともない、東側共産圏と西側自由主義経済圏の国々による冷戦構造も終わりを告げたが、東側陣営の主力戦闘機の代名詞ともなった「ミグ戦闘機」シリーズの第一回作品であり、最初の制式機となったのがMiG‐1だった。しかしながら、MiG‐1とこれに続くMiG‐3はI‐16の後継戦闘機として期待されたものの、傑作機になることはなかった。だが、これらの系列の試作機に当たる一九三九年に現われたI‐200は、それまでのソ連戦闘機のアナクロさを払拭する新鋭戦闘機として多大な期待が寄せられた。

I‐200は一九三九年までにソ連空軍（義勇軍）が体験したスペイン内戦や日中戦争などの戦訓を取り入れて大急ぎで開発された。アルテム・ミコヤンとミハイル・グレビッチらによる実験チームが一九三九年十月に開設されてからわずか一〇〇日後の一九四〇年四月五日にI・200は初飛行を行なっている。AM・35Aを動力とする、胴体は短いがスマートな戦闘機で、五月二十二日には六四八キロ／時の速度を出した。しかし、胴体の短さに暗示されるように操縦性と安定性の悪さが試験中から問題になり、錐揉みからの回復の困難さと視界の悪さも問題になった、にもかかわらずナチスドイツの侵攻が迫っていたので、MiG・1として一〇〇機の生産が行なわれることになった。

それでも量産にあたってはラジエターの大型化、二番目のオイル・クーラーをエンジン右側に付加するなどの改修が行なわれた。ところが、操縦性や飛行性能の問題は未解決だったうえ、一二・七ミリ機銃一梃と七・六二ミリ機銃二梃という攻撃能力の低さでは頼りにならないものだった。また、同僚戦闘機各機との共通の悩みだったが、機体工作上の不手際により出来上がった機体には不具合が多く、実戦で使える代物ではなかったようである。

MiG・1を部隊で使ってみると改善要求が続出したが、これを受け大幅な改修を施して作り直したのがMiG・3だった。MiG・1との外見上の違いは操縦席後方のガラス部分の増加や胴体下部のラジエターの位置だったが、これらは後方視界確保

101　ミコヤン・グレビッチ MiG - 3

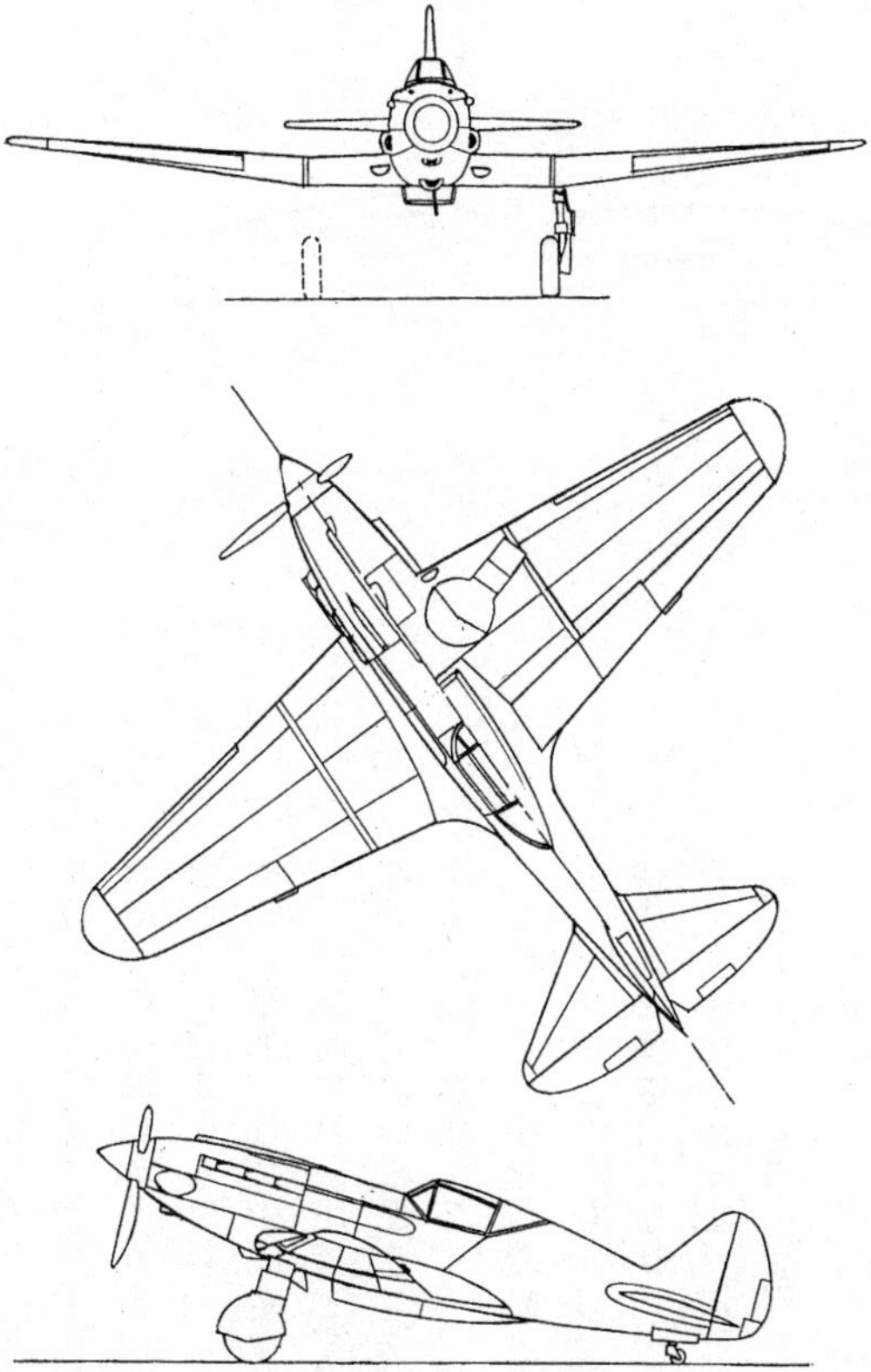

ミコヤン・グレビッチMiG-3　エンジン：AM-35A（1350hp）×1　全幅10.2m　全長8.25m　全備重量3300kg　最大速度622km/h（高度7800m）　上昇限度11500m　航続距離630km　武装：12.7mm機銃×1、7.62mm機銃×2、爆弾およびロケット弾を200kgまで

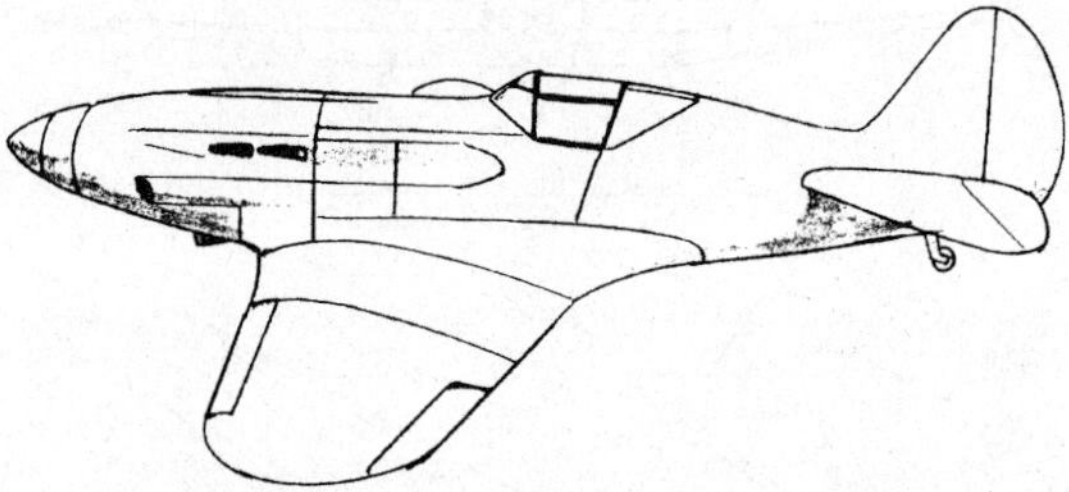

やエンジン冷却システムの改善によるものだった。MiG-1のラジエターは操縦席との断熱が不充分で、パイロットの座席はカチカチ山状態だったという。ほかにも燃料システムの防弾や容量増加、武装の改定などを行なった。緊急時には風圧でとても開けられない、悪名高い横開きコクピットもスライド式に直された。

これらの改善を経たMiG-3はYak-1、LaGG-3と並んで独ソ戦緒戦期の主力となり、一九四二年初めに生産を終えるまでに三一〇〇機以上が生産された。しかし、それだけだった。

MiG-3も依然、操縦性の問題が

解消されておらず、戦闘機としては一流の機体にはなれなかったのである。一三〇〇馬力クラスのエンジンで六四〇キロ／時以上という速度性能は設計上の優れた点だったのでスターリン賞も受賞したほどだったが、セールスポイントはこの点だけで、戦闘偵察や地上攻撃が主たる任務で、本格的な空中戦は困難だった。動力だったAM - 35Aエンジンは高々度用のエンジンだったが、ドイツ空軍機との戦闘においては高々度での戦闘が生起しなかったこともある。Iℓ - 2襲撃機用のAM - 38エンジンを生産するためにAM - 35Aエンジンの生産がストップするとそのあおりでMiG - 3の生産も終わってしまったのである。

ミグ設計室でもエンジンをAM - 37、 - 38、さらには空冷のAM - 82へと換えて新型戦闘機の開発を続けたが、大戦中は新たに制式化されることはなかった。

ネーマンR-10
Neman R-10

ソ連空軍はポリカルポフR-5偵察兼軽爆撃機の後継機の開発をツポレフ設計室に指示する一方（後のスホーイSu-2となる）、カーコフスキー航空研究室においてネーマン技師が設計したKhAI-5を基にする偵察爆撃機の開発を指示した。KhAI-5は一九三七年までに四三機製作された高速輸送機KhAI-1を近代化した低翼単葉機だったが、ソ連空軍ではすでにKhAI-1二機をKhAI-1Bと称する爆撃練習機に改装試作したことがあった。

こういった経緯があったので、KhAI-1はタウネンドカウリング、KhAI-5はNACAカウリングというエンジン部の外見上の違いはあるが、平面形は大変よく似ていた。また、KhAI-5と並行してKhAI-6という高速写真偵察機（最

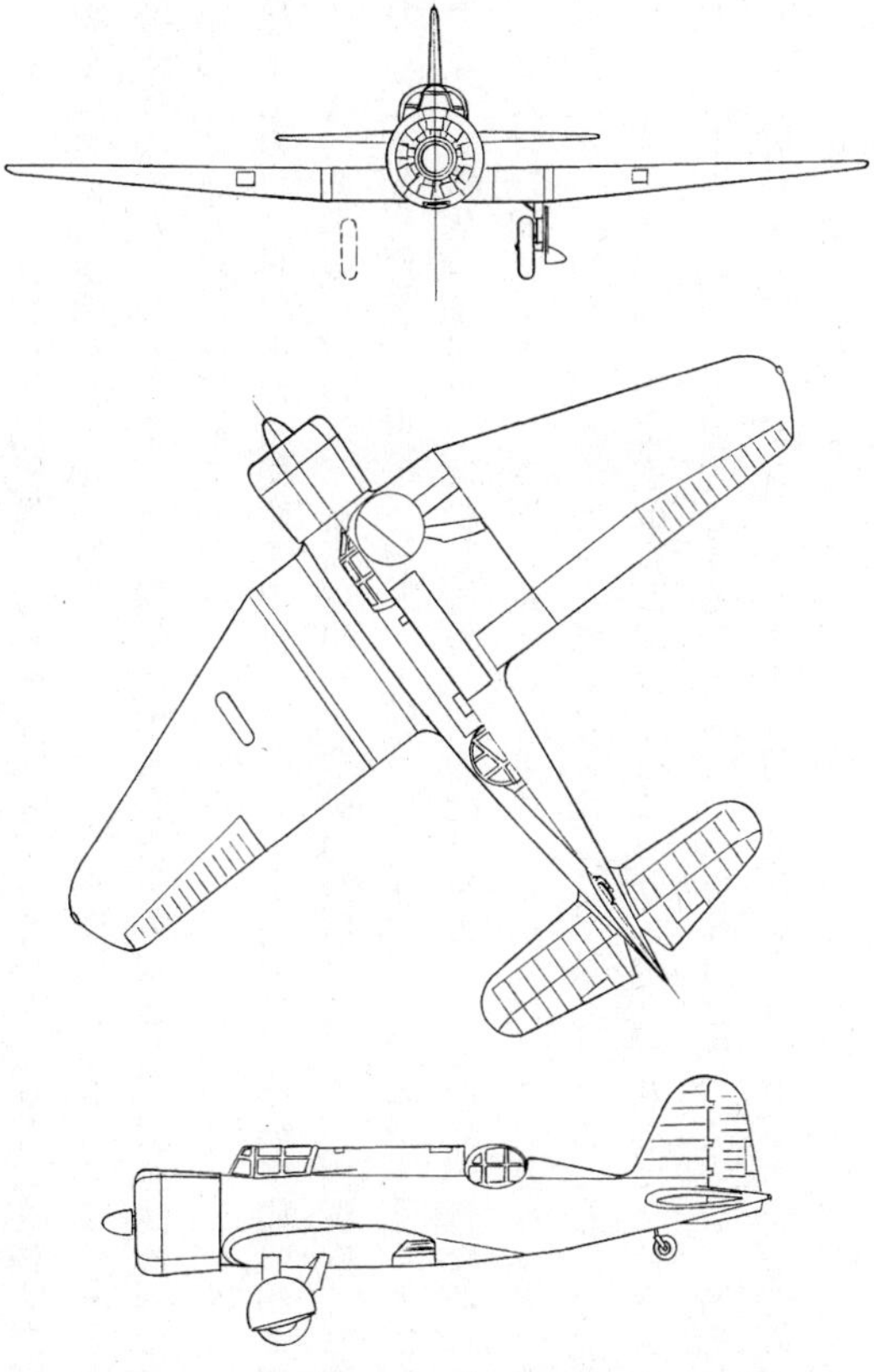

ネーマン**R-10**　エンジン：M-25V（750〜775hp）×1　全幅12.2m　全長9.4m　全高2.6m　全備重量2877kg　最大速度370km/h　上昇限度6700m　航続距離1300km　武装：7.62mm機銃×3、爆弾400kgまで

大速度は四二九キロ／時）の開発も行なわれていた。

ＫｈＡＩ・５は主翼の内外翼を分割するエルロンや胴体内爆弾倉を備えた、引き込み脚を持つ偵察爆撃機Ｒ・10の原型となったが、形態的にはＫｈＡＩ・６と共通する部分が多かった。ＫｈＡＩ・５の構造は木製合板を外板とし、引き込み脚の降着装置は車輪、スキーが交換可能だった。

操縦席のコクピットから後席まで長いフィレットが伸び、その中間の胴体内に四〇〇キロまでの爆弾を収納し、後席はＭＶ・３動力銃座となった。両翼内には固定機銃（各一梃）が装備され、偵察装備としてはＡＦＡ13カメラを搭載することができた。このような機体レイアウトは少し後の時期の配備をめざして開発が行なわれていたＳｕ・２とほぼ同様である。だが、量産指示を競った対象はコチェリギンＲ・９で、この競作に勝ったＫｈＡＩ・５がネーマンＲ・10として量産されることになった。

ＫｈＡＩ・５の開発中にも改良が続けられており、一九三八年にテストを受けたＭ・25Ｅ（七五〇馬力）を動力とするＫｈＡＩ・５ｂｉｓは四二五キロ／時を出し、Ｍ・62（八五〇馬力）エンジンのＫｈＡＩ・51や寸法を大きくしてエンジンのパワーもアップ（Ｍ・63・九三〇馬力）させたＫｈＡＩ・52も一九三九年に初飛行を行なった。

一九三九年という年は、極東に配備された量産型のＲ・10が日本陸軍とのノモンハン

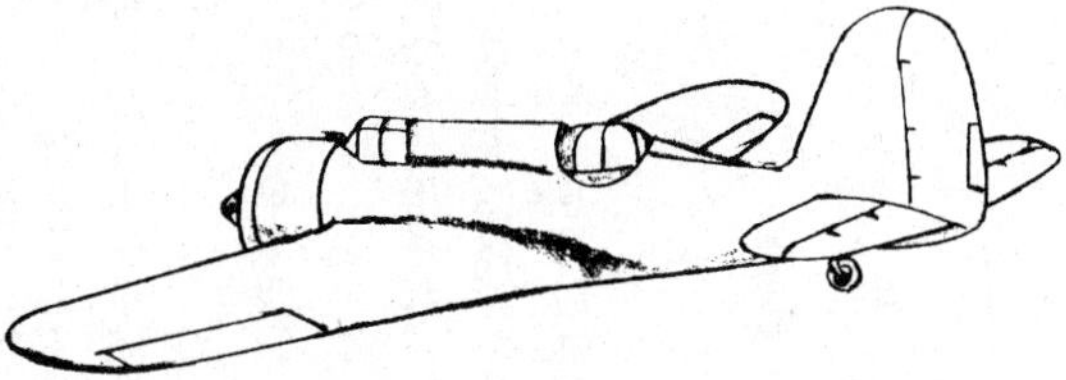

の国境紛争において実戦参加した年でもあった。
一九三七年〜四〇年にR‐10は四九〇機ほど生産されたが、量産型は後にエンジンがライトサイクロンのライセンス生産版のM‐25A（七三〇馬力）から七五〇〜七七五馬力のM‐25Vに変更になった。これにともない機体の空虚重量は一六五〇キロから二一九〇キロに増した。
Su‐2よりも約二年早く実戦配備になったので同世代の偵察爆撃機とはいえないが、Su‐2が鈍重さが開発中も実戦配備後も問題になったのに対して、R‐10は操縦性に優れて使い易く、多用途性もあったようである。しかしながら、胴体内に爆弾倉を設けたため操縦席と後席が離れ過ぎてしまい、飛行中の搭乗員にとっては必ずしも連絡が便利ではなかった。このことはノモンハン戦や日中戦争で対峙した日本陸軍航空隊が運用した九七、九八式軽爆撃機にもあてはまる欠点だった。

R‐10は一九三九年～四〇年のソ連・フィンランド冬戦争にも登場したが、後を継ぐべきSu‐2とYak‐4が成功作とはいえないものだったので、独ソ戦でのレニングラード戦でも使用され、一九四三年まで現役にあった。R‐10は軍務を退くと民航のアエロフロートに移管されたが、これらとは別に輸送機型のPS‐5がすでに作られていた。PS‐5は爆弾倉も動力銃座も撤去されており、胴体内は客席になっていた。

ペトリヤコフPe‐8
Petlyakov Pe-8

ソ連空軍では一九三〇年代初期にはTB‐3四発大型爆撃機を運用していたが、一九三四年半ばには後継大型爆撃機の要求が示された。これに応えてA・N・ツポレフはANT‐42（TB‐7）の構想をまとめたが、舵面以外は全金属製の中翼単葉の大型爆撃機で、ミクリンM‐100（一一〇〇馬力）四基を動力とした。内側の二基のエンジンナセルには主車輪を半引き込み式に収納するほか、さらにその後ろに後方射撃用の銃座が設けられた。エンジンのラジエターは二基分ずつまとめて内側のエンジンに巨大なアゴ状に設ける変則的な方法をとった。

このような仕組みだけでもユニークだったが、さらに変則的に、胴体内にエンジンでタービンを駆動するATsN過給器を備える予定だったので、五基のエンジンが全動力となるところだった。実際には試作二号機で過給器（ＡＴｓＮ－２）を駆動するためのタービン用エンジンも作動させたのだが、後に過給器付きのエンジンＡＭ－35が入手できるようになったので、この五基目のエンジンを胴体内に積む変則的な方法は取り止めになった。

武装はエンジンナセル以外にも機首と尾部、胴体上方に防御用の銃座を設置し、爆弾は胴体内に遠距離なら一トン、近距離爆撃なら四トンまで搭載できた。

一九三九年にＴＢ－７として量産前型の五機の製造が決まったが、これらは過給器付きのＡＭ－35を動力としていた。設計、開発は概ねツポレフの設計局で行なわれてきたが、機体開発の最終局面でペトリヤコフが参加したので、ペトリヤコフのそれまでの功績に報いるために量産型はペトリヤコフＰｅ－８と称されるようになったと言われている。

しかしながら、ツポレフは常にスターリンの不興を買い続け、Ｔｕ－２爆撃機を拘置所内で設計したのに対して、ペトリヤコフの方は航空事故死した際にスターリンが激怒し、徹底した原因究明と責任追及を行なったという事実もあるので、何故Ｐｅ－8となったのかは推して知るべしであろう。

だが、Ｐｅ－８のエンジンにまつわる苦難はこのあたりから本格化し始めた。過給

111　ペトリヤコフ Pe - 8

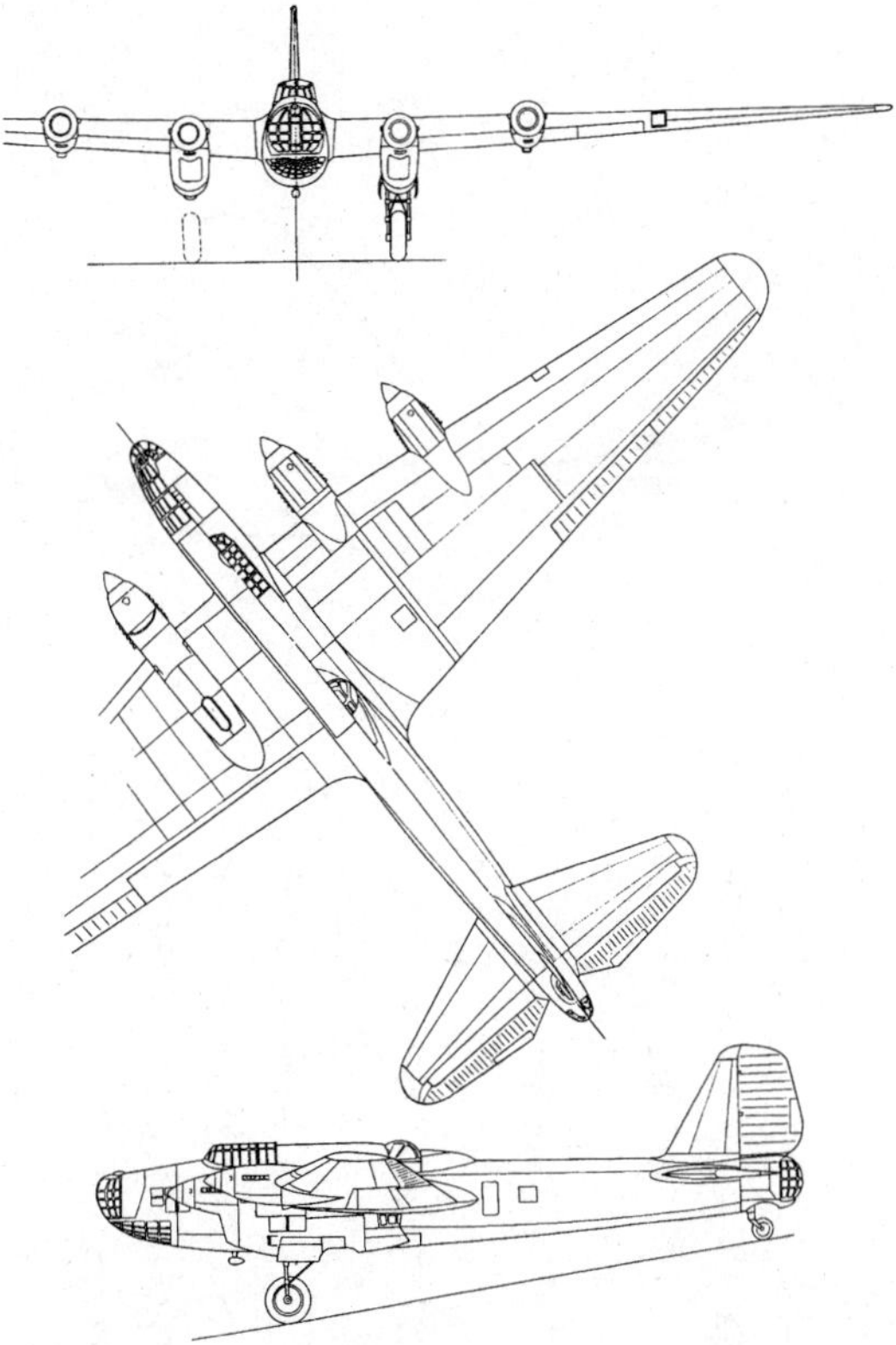

ペトリヤコフPe-8/AM-35A　エンジン：AM-35A(1350hp)×4　全幅39.01m　全長23.4m　全備重量35000kg(最大)　最大速度443km/h(高度6360m)　上昇限度9300m　航続距離3600km　武装：爆弾5000kg(最大)、防御用20mm機関砲×2、12.7mm機銃×2、7.62mm機銃×2

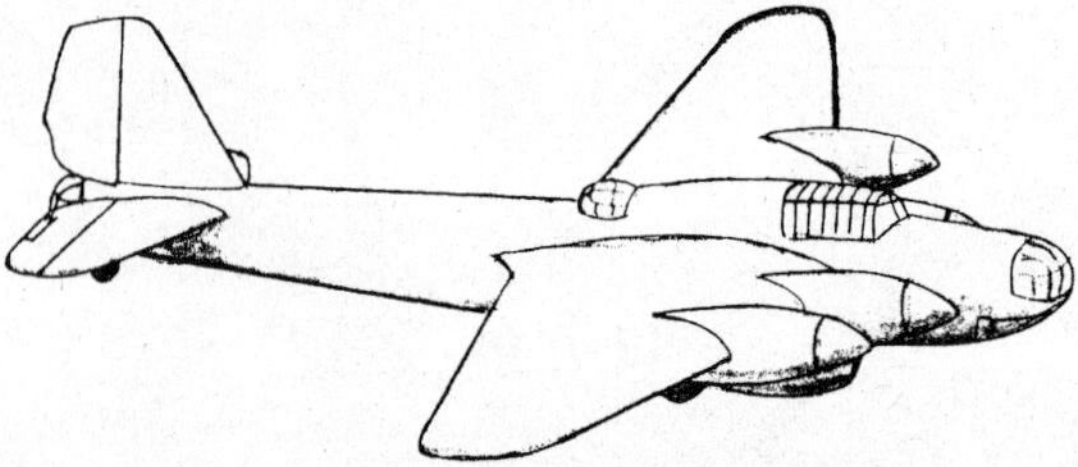

器付きのAM‐35エンジンは実は期待はずれの能力で、すぐにACh‐40ディーゼル・エンジンに換装したものの信頼性の低さに悩まされ、さらにAM‐35A（一三五〇馬力）、ACh‐30Bディーゼル・エンジン（一五〇〇馬力）に積み替えるという、まさにエンジンとっ替えひっ替えの状態が続いた。

量産型が爆撃部隊に配備されてからも、一九四一年八月七日～八日の夜間にベルリン爆撃を目的に一八機が基地を飛び立っても、目標に到達できたのはそのうちの半数という有り様だった。この後、またASh‐82FN（一七〇〇馬力）に換装されたが、エンジントラブル三傑を挙げるとしたら、ドイツの悪名高いＤＢ610のハインケルＨｅ177、英国のバルチャーのアブロ・マンチェスター（この機を装備した部隊は「爆撃歩兵隊」と嘲笑される有様だった）に並んでＰｅ-８も加えられるだろう。このようなトラブル続きにより、生産機数も数十から数百のレベルに留まったようである。

それでもＰｅ-８は一九四二年～四三年にかけて近傍の攻撃目標に対しての爆撃や、四三年冬には五〇〇〇キロのＦＡＢ-５０００ＮＧ爆弾を運べたので精密爆撃に用いられることもあった、西側にも語り継がれる大飛行としては、一九四二年五月十九日から六月十三日のモスクワ—ワシントン連絡飛行が有名である。

実戦軍用機としての能力が疑問視されていたためかＰｅ-８は積極的に使われることも少なかったので、三〇機が戦後も残存していた。これらは新型エンジンのテストベッドや北極基地建設のための連絡飛行に使用された。

ペトリヤコフPe・2
Petlyakov Pe-2

ウラジミル・M・ペトリヤコフは三〇歳から中央流体力学研究所（TsAGI）に勤め、ツポレフTB・7のペトリヤコフPe・8爆撃機としての実戦機化などに尽力したが、この時代の多くの技術者同様、スターリン粛正による投獄をまぬかれられなかった。それでも獄中でKB・100という設計チームに加わり、高々度戦闘機VI・100の試作を命じられた。

この試作戦闘機は、主翼は外翼がテーパーするツポレフ機の流れを汲む平面形だったが、胴体は日本陸軍の百式司偵二型を連想させるスマートさだった。一九三九年五月七日に初飛行したが、排気タービンや与圧室、定速回転プロペラなどと当時としては難しい新技術がいくつも盛り込まれ、複雑な機構が欠点とされた。

115　ペトリヤコフPe－2

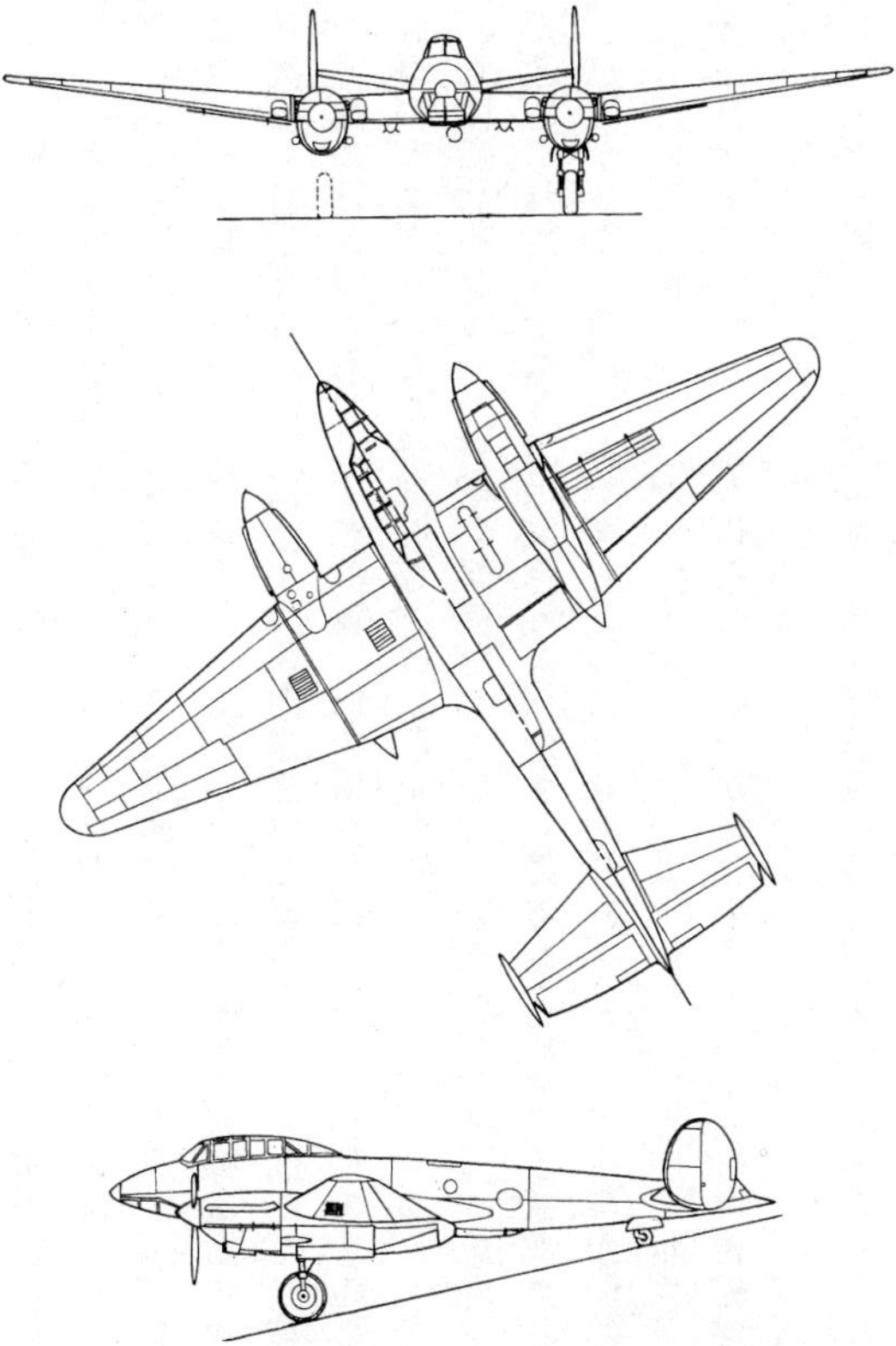

ペトリヤコフPe-2　エンジン：M-105R（1100hp）×２　全幅17.16m　全長12.66m　全高4.0m　全備重量7680kg　最大速度540km/h　上昇限度8800m　航続距離1500km　武装：爆弾1000kg、防御用7.62mm機銃×３

この試作経験を経て三座爆撃機ＰＢ‐100の試作が開始されたが、排気タービンを取り止めて機構を単純化させ、主翼中央翼後縁をテーパーにし、水平安定板の上半角を増したうえ垂直尾翼を大型化させて空力特性を改めた。この改善は急降下爆撃能力を想定してのものだったが、さらに主翼外翼下面にはスノコ状のダイブブレーキが付加された。パイロットおよび爆撃手と上方射手を兼ねる航法士が操縦席キャビン内に入り、後下方射手を兼ねる通信士が胴体内爆弾倉と燃料タンクを隔てた胴体後部に搭乗した。爆弾は大型のものは主翼内翼下面の爆弾架に懸吊し、小型のものは胴体内および両翼のエンジンナセル後部の爆弾倉に収納した。

非常に意欲的な設計の戦術爆撃機だったが、テストを経て防弾や急降下制御システムが改められた。テストでは試作戦闘機ゆずりの優れた操縦性が確認された。降着装置も車輪かスキーの選択ができるようになり、Ｐｅ‐２として生産が開始された。独ソ戦も近いことが予想されたので生産のピッチは上がり、一九四一年六月二十二日の開戦のときまでに四五八機が作られていたが、このうちの二九〇機が爆撃部隊に配備されていた。

Ｐｅ‐２の初期型の操縦席キャビンは前後に長く、後部に七・六二ミリ旋回機銃がセットされ、エンジンも一一〇〇馬力のＶＫ‐105ＲＡだったが、後期のタイプＰｅ‐

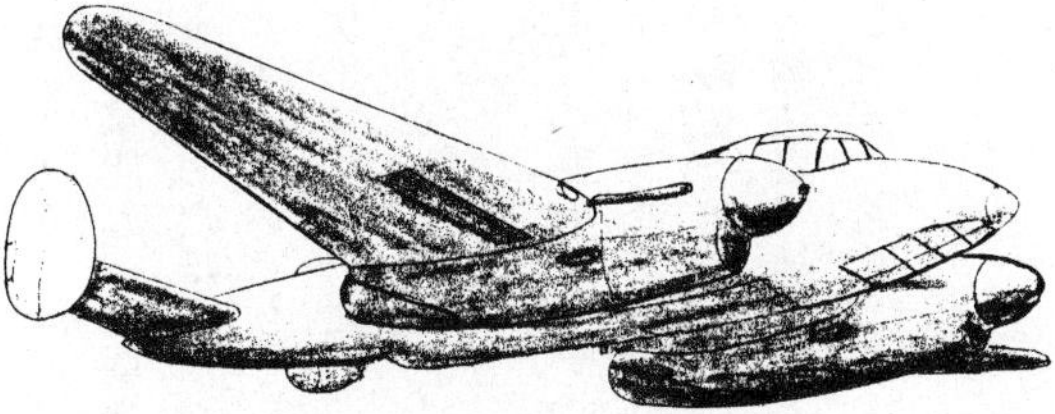

2FTになるとキャビンの後部は詰められて短くなり、一二・七ミリ機銃に取り替えられた旋回機銃の射界は側方にまで広げられた。エンジンも一二六〇馬力のVK-105PFまたはPF2に代えられ、ダイブブレーキは撤去された。

戦術爆撃機として配備されるPe-2は優れた性能を活かして戦果を挙げていったが、偵察機、練習機として用いるためのサブタイプも各種現われた。Pe-2Rはカメラを三、四台搭載した写真偵察機で、五八〇キロ／時の速度性能だった。Pe-2UTは教官席を胴体中央に置く練習機型で一九四三年七月から生産に入り、戦後はチェコスロバキアでも使用された。

VK‐107A（一六五〇馬力）を動力とする試作型は六二〇キロ／時の速度性能を示した。優れた爆撃能力、速度性能、多用途性を示したので、西側の連合軍ではソ連版のモスキートと称したほどだった。

ペトリヤコフ設計室でもPe‐2の生産第二号機を保有して用いていたが、ウラジミル・ペトリヤコフは一九四二年一月十二日にこの機に搭乗して事故死してしまい、これに悲嘆し、かつ、激怒したスターリンは感情的に責任追及を行なったといわれている。

万能機としての誉れが高いので戦闘機型もあったが、これはPe‐3という異なるディジグネーションを有し、かつ、爆撃能力より空戦性能が重視されたため、胴体の印象も異なる機体だった（別項）。名称の違いは設計室名に続く数字が偶数なら爆撃機、偵察機、輸送機、練習機となり、奇数ならば戦闘機という決まりによるものだったが、例外的に高々度戦闘機Pe‐2VIという試作機が作られたこともあった。

ペトリヤコフPe - 3
Petlyakov　Pe-3

ペトリヤコフPe - 2の部隊配備は一九四一年六月の独ソ戦開戦直前の時期だったが、この頃にはVI - 100のような高々度戦闘機ではなかったが、Pe - 3になる新たな双発戦闘機の試作が行なわれた。クリモフM - 105（一一〇〇馬力）を動力とし、下方観測員席を廃止してよりスマートなソリッドノーズになった機首には固定武装に二〇ミリ機関砲と一二・七ミリ機銃を各二、また、一二・七ミリMV - 3旋回機銃を後席に備えていた。

前期生産型として二三機作られたが、基となったPe - 2爆撃機の基本的な機体構造は変更されていなかった。搭乗員キャビンにパイロットと観測員兼射手が乗る複座戦闘機になり、胴体中央部の後下方銃座は撤去された。改造部は主翼にも及び、主翼下面のエアブレーキはなくなったが前縁にスラットがつき、胴体やエンジンナセル後部の爆弾倉は燃料スペースになった。しかしながら、独ソ戦緒戦の激戦期においては本機のような多用途大型戦闘機よりも単発の迎撃戦闘機の方がニーズが高かったため、大量生産は行なわれなかった。

双発戦闘機はソ連空軍機としてもそれまでに様々なものが試作されていた。しかし、ドイツ（Bf110）やフランス（ポテ63系）のように大きな期待を寄せて量産されたというものはなかった。双発機と単発機のそれぞれの得手不得手を心得て現実離れした期待をしなかった分、地に足が着いた用兵だったといえるだろう。

ところが、独ソ戦が数ヵ月進むにつれて、この種の重武装戦闘機を夜間戦闘機として用いることの有用性が認識された。一九四一年夏には先に確立されたPe-3への改造方法を踏襲しながら、夜間迎撃戦闘機Pe-3bisが製造され、早急に部隊に配備され始めた。Pe-3bisの開発、生産とも以前からあるものを応用しており、エンジンをM-105RAに換えたもののPe-2爆撃機の生産ラインから約三〇〇機が生産された。

Pe-3bisは独ソ戦だけではなく、フィンランドとの継続戦争でも使用されている。三〇〇キロ程度の爆弾やエアブレーキを撤去した主翼下面にRS-82または-

121　ペトリヤコフ Pe - 3

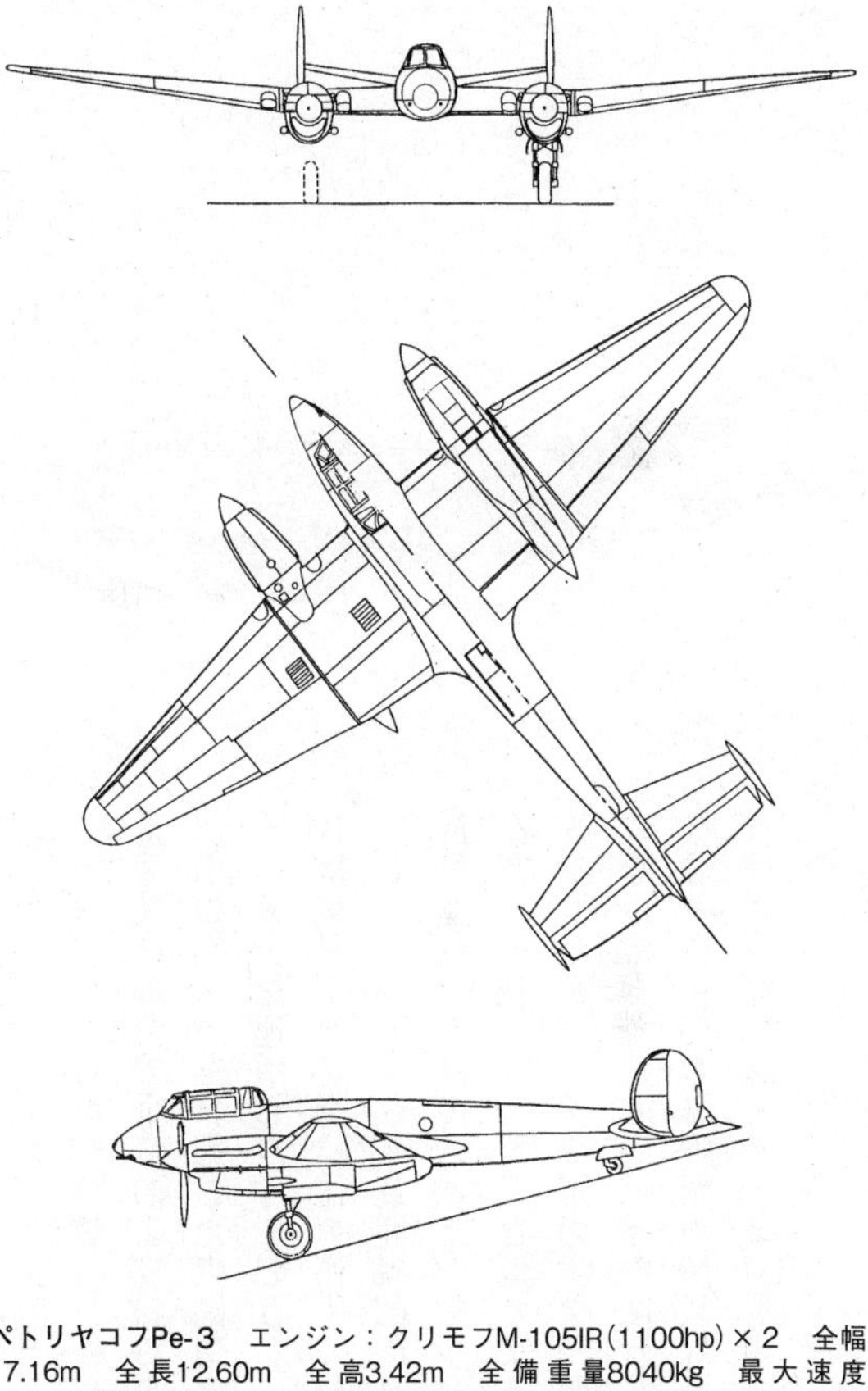

ペトリヤコフPe-3　エンジン：クリモフM-105IR（1100hp）×２　全幅17.16m　全長12.60m　全高3.42m　全備重量8040kg　最大速度530km/h（高度5300m）　実用上昇限度9100m　航続距離1700km　武装：20mm機関砲×２、12.7mm機銃×３、爆弾類300kg程度

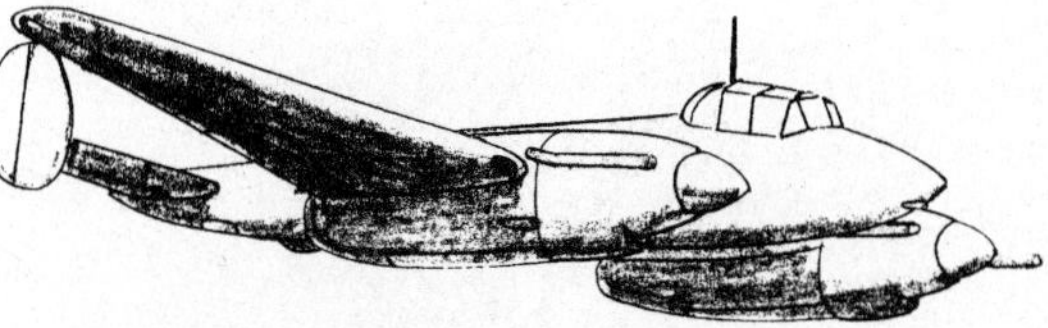

132ロケット弾を装備することも可能だった。

一方、ソ連海軍航空隊もＰｅ－３の重武装に加えて垂直および斜め方向撮影用のカメラを装備した戦闘偵察機Ｐｅ－３Ｒを運用した。このうちの一機は排気タービン過給器を備えていた。

Ｐｅ－３ｂｉｓが夜間戦闘機として注目されたのはモスキートやＪｕ88Ｇなどが夜戦になったのと似たような経緯だったが、ドイツ軍の劣勢が明らかになってきた一九四三年中頃からは七〇〇キロ程度の爆弾類の搭載も可能な夜間戦闘爆撃機Ｐｅ－３Ｍも現われ始めた。

独ソ戦は朝鮮戦争に現われたベッド

チェック・チャーリーのような夜間軽攻撃機による夜間の睡眠妨害戦も盛んに行なわれ、また、旧式化が目立ち始めた中型爆撃機での夜間空襲が頻発したので、これらを撃退するための重武装の夜間戦闘機がどちらの陣営でも重用されたのであろう。

ペトリヤコフ設計室ではPe－3系の流れとは別にVK－107PDエンジンを用い、与圧室にパイロットが搭乗したPe－2VI高々度戦闘機が試作されていたが、ドイツ空軍ほか枢軸国空軍機との航空戦では高々度での戦闘が生起しなかったので、需要も発生しなかったようである。

ポリカルポフPo-2
Polikarpov Po-2

U-2と称されていたとおり、一九二〇年代末頃には初等練習機として開発されていた、非常にありふれた外形の旧式な複葉機だった。当初に考えられていた以上の多様な任務に適合したため、英海軍の複葉雷撃機ソードフィッシュほどの派手な実績はなかったものの、非常に広く長く使われ続けた。大戦終了から五年後の一九五〇年からの朝鮮戦争では北朝鮮軍に属し、ソ連軍の昨日の友だった米軍を大いに悩ませて「ベッドチェック・チャーリー」(就寝点呼のチャーリー)の異名をも持った、ソ連のもうひとつの傑作機だった。

U-2として開発された当初は使いやすさが重んじられ、試作機の主翼の上下左右四枚の翼および舵面は損傷時に交換できるようにとユニット化されていたが、これは

125　ポリカルポフPo - 2

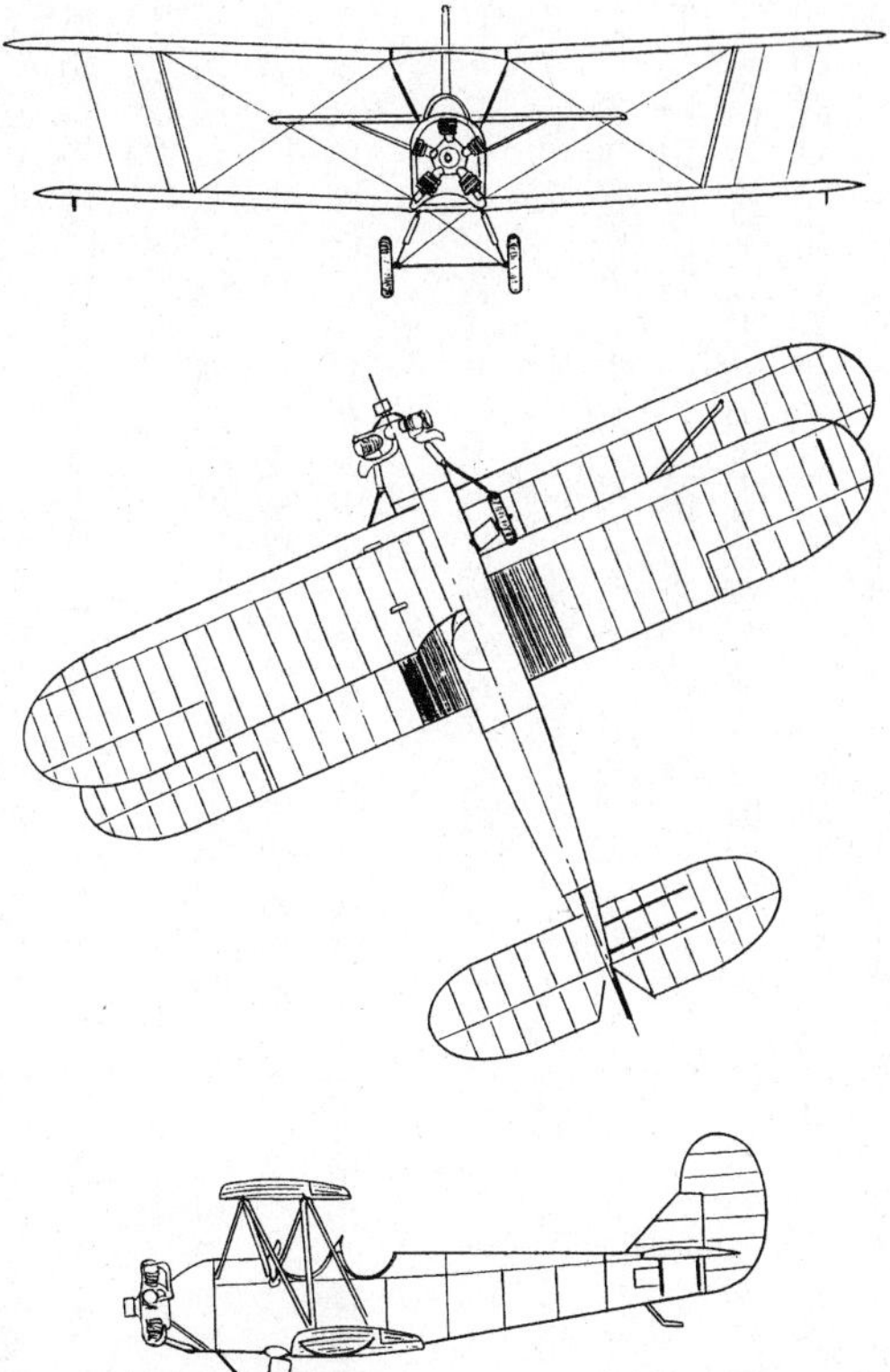

ポリカルポフU−2(Po-2)　エンジン：M-11D(115hp)×1　全幅11.42m　全長8.17m　全高2.9m　全備重量964kg　最大速度152km/h　上昇限度4200m　航続距離500km

飛行性能を悪化させたためすぐに改められ、翼端が丸い、翼幅が異なる上下翼に前後のくい違いのあるありふれた複葉機になった。だが、この改良により操縦性、運動性が無類に優れた練習機に生まれ変わり、U-2の飛行特性により軍用、民間での様々な用途が開けた。

軍用機としては、連絡や軽輸送、傷病者空輸、観測機として用いられたが、ソ連の大戦突入によりU-2も支援軽爆撃機として使われるようになった。この場合、二五〇キロ程度の爆弾かロケット弾を搭載したが、後席に銃座を備えた軽襲撃機型も現われた。

U-2系の実戦機としての活躍が目立ったのは一九四二年のスターリングラード攻防戦のときだったと言われている。一九四五年春にかけてのベルリン包囲戦でも依然として軽爆撃機として飛んでいたが、さらに重要だった役割は夜間に敵基地上空に侵入して睡眠を妨害させる目的の夜間攻撃飛行だった。

この種の攻撃は枢軸国軍も低速で飛べる旧式機で盛んに行なったが、朝鮮戦争の際に北朝鮮軍が用いたU-2(Po-2)は再びこの任務で使用されたため(これがいわゆるベッドチェック・チャーリー)、基地上空を夜間戦闘可能なレシプロの戦闘機で警戒に当たらなければならなくなったという(朝鮮戦争の昼間の空中戦の主役はす

でにジェット戦闘機に移っていた）。
第二次世界大戦が始まった時点においてもU－2の飛行性能はまったくもって旧式機と言わざるをえないものだったが、操縦性や整備のし易さ、とくに不整地での運用の容易さが軍のユーザーにとって歓迎された要因だったと言われている。開発を指揮したポリカルポフが航空事故によってこの世を去ってからは、本機やR－5系の軍用機、I－16に至る戦闘機開発の功績が認められ、U－2はPo－2と呼称されるようになった。
練習機として開発されながらも実戦機としての武勇伝も多いPo－2だったが、本来の役割ではソ連空軍や海軍のほか、アエロフロートの、戦後は東側のパイロットの養成に供する初級練習機として広く使われた。生産機数は独ソ戦開戦までに一万三〇〇〇機には達していたと見られているが、最終的に一九五二年に生産ラインがストップするまでに約三万三〇〇〇機作られていたと見られている。

戦後はCSS‐13の名でポーランドでも転換生産が行なわれていた。バリエーションも富んでおり、練習機や軽爆撃機型は開放式のタンデム複座が中心だったが、民間航空用途ではキャビンを備えてその中を客席としたリムジン型も作られている。

ポリカルポフＲ・５
Polikarpov R-5

大戦間に開発され第二次世界大戦が始まってからも使われ続けていた軍用機はソ連にもかなりあったが、Ｒ‐５はその中でもよく知られた部類であり、また、様々な変形型も作られた。その形態から機体設計の古さがにじみ出ており、一九二八年十月初めに初飛行が行なわれたクラシクな機体だったが、各型合わせて六〇〇〇機以上も作られ、初飛行から一〇年以上が経っても相当数が依然現役にあった。

大戦間のソ連の航空技術はベルサイユ条約により航空機開発をストップさせられていたドイツ航空業界の技術を移入することで発展し始めた。つまり、第一次世界大戦の戦勝国の監視の眼をくぐってソ連国内でのドイツ機の開発や飛行試験を許しつつ、その見返りに成果を分け前として頂戴するやり方だった。このようなやり方でドイツ製の航空エンジンの技術も移入され、BMW6液冷エンジンはソ連でミクリンM‐17（五〇〇馬力）としてライセンス国産化されてR‐5の動力となった。

R‐5は開発の当初から偵察機兼軽爆撃機として計画され、軽爆撃機としては胴体下及び下翼に四〇〇キロまでの爆弾を搭載可能とされた。開発、飛行試験は順調に進められ、一九三〇年の半ばからGAZ‐1工場から生産型が出始めた。空軍部隊での運用は一九三一年初めから行なわれたが、少し遅れて貨物を運搬するためのP‐5という民間機型も作られた。

P‐5は一九四〇年までに一〇〇〇機以上も製作されたが、旅客を搭乗させる客室を胴体内に設け、操縦席を密閉式にしたリムジン型PR‐5も一九三六年頃から現われた。ソ連の寒冷な国土で運用される機体だったのでソリも降着装置として不可欠だったが、海軍用には双フロートを装備した水上偵察機型MR‐5（別名R‐5a）も作られた。この水上偵察機型は垂直尾翼の面積を増し、エンジンも六八〇馬力に達するM‐17bに換装していた。

本来の用途であるR‐5の最初の実戦参加の場はスペイン市民戦争だった。これは共和国政府軍を支援する軍用機として送られたものだった。また、エンジンを八五〇馬力のM‐34に換装して、R‐5の開放式のコクピットのキャノピーで覆う部分を多

131　ポリカルポフＲ－５

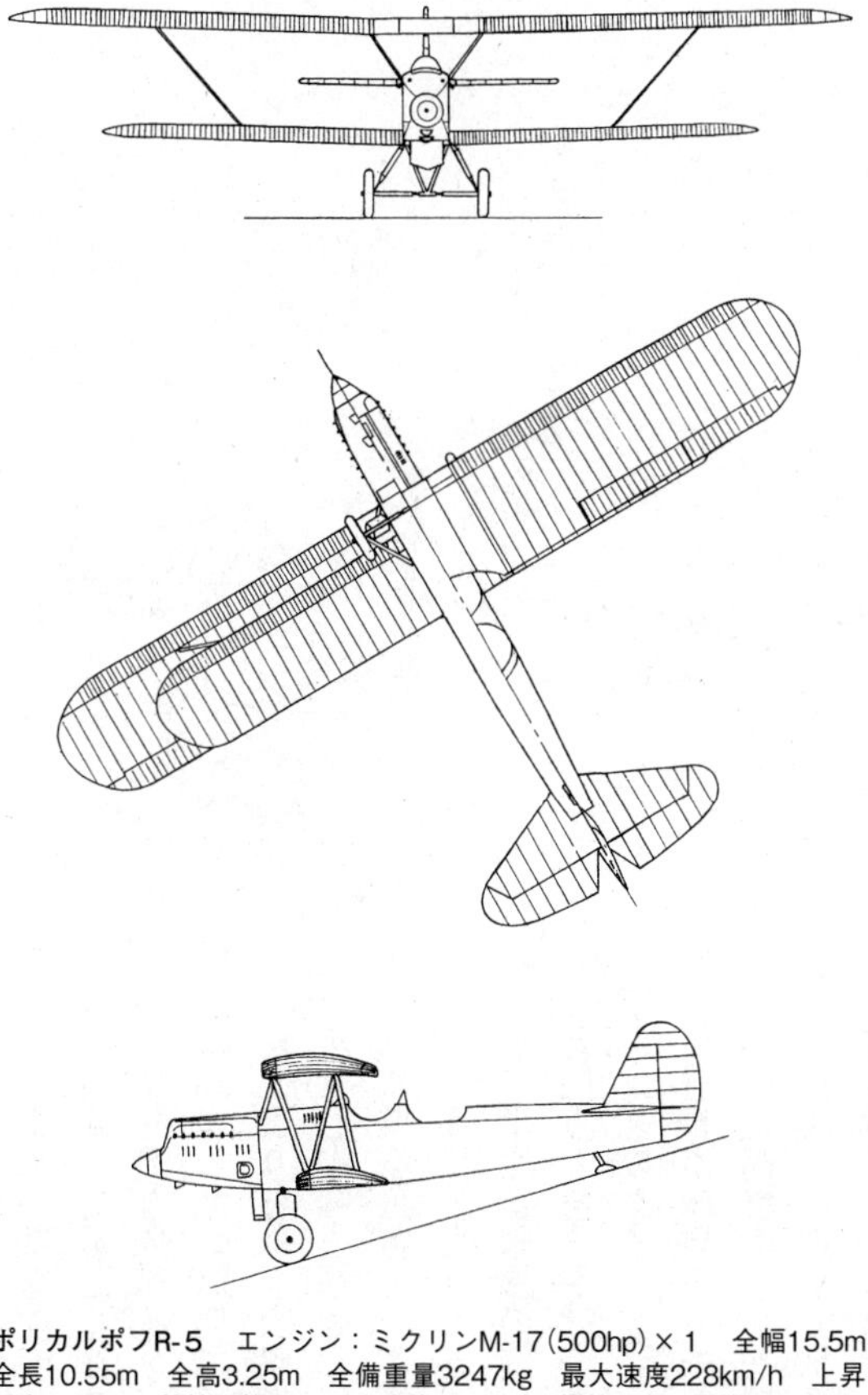

ポリカルポフR-5　エンジン：ミクリンM-17(500hp)×１　全幅15.5m 全長10.55m　全高3.25m　全備重量3247kg　最大速度228km/h　上昇限度6400m　航続距離800km　武装：7.62mm機銃×２、爆弾400kg

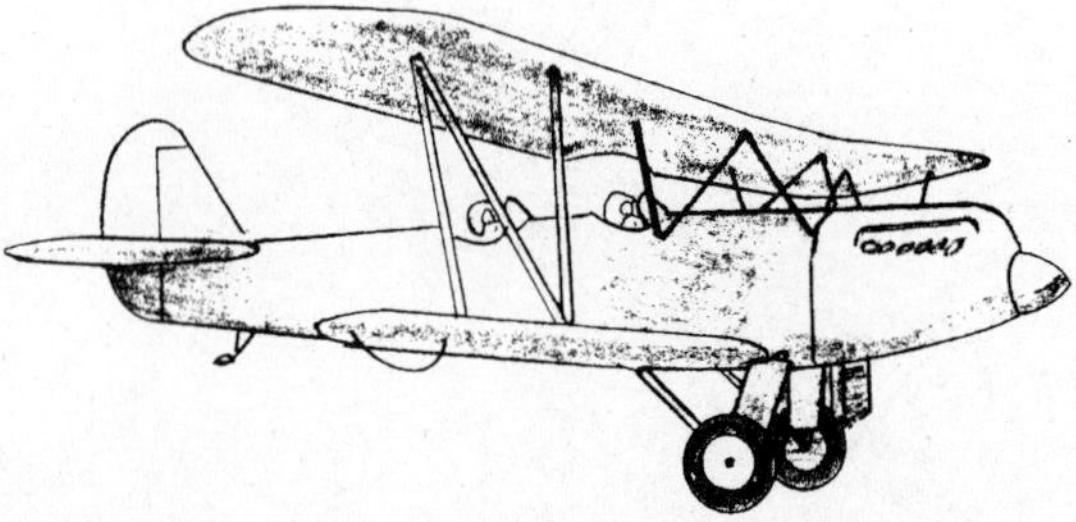

くし、速度性能や攻撃能力を高めた地上攻撃機型のR・ZもR・5から発展して産まれたが、R・Zもスペイン市民戦争に参加した（別項）。

だが、より特殊な攻撃機型は単座化し主脚を補強して胴体下部に航空魚雷を一本搭載できるようにしたR・5Tであろう。単座雷撃機の実用性には疑問点もあるが、一九三五年にはこのタイプも五〇機作られ、日本陸軍とのモンゴル、満州の国境紛争が問題となった一九三八年までソ連極東艦隊航空隊の一線部隊に配備されていた。

　基本設計が一九二〇年代に行なわれただけに実戦機としては一九三〇年代末になると、R‐5も性能的に旧式と見られたが、それでも日本陸軍とのノモンハン戦争（一九三八年～三九年）やフィンランドに攻め込んだ「冬戦争」（一九三九年～四〇年）でも戦闘に参加した。ドイツとの戦争が始まった頃（一九四一年半ば）には前線任務から退き、傷病者や物資の輸送、練習、連絡といった後方の任務で使われていたが、同時期に作られた偵察・多用途機と比べても大きな改造に耐えて用途を広げ、記録的長期間にわたって多数が使われ続けたのはR‐5の基礎設計の優秀さゆえのことだろう。

ポリカルポフR・Z
Polikarpov R-Z

ポリカルポフR‐5は古い設計の武装偵察機ながらそこそこの搭載能力があったので、民間輸送機P‐5としても活躍し、水上機型など多くの派生型が作られていた。そのような用途適合能力が高い機体だったので、一九三〇年代半ばにR‐5の生産ラインを乱すことなく最小限の改造によって近代化改修、攻撃力強化を図った襲撃機型が求められた際には、製造工場のZavod1ではR‐Zを提案して要求に応えた。

R‐Zは、R‐5の木製、モノコック、複葉機という基本構造とレイアウトを踏襲していたが、胴体は八〇センチほど短くなり、操縦席と後席は接近して部分的にキャノピーに覆われたキャビンに納められた。M‐34Nエンジン（八五〇馬力）は新しいカウリングに保護され、主翼上翼の切れ込みもなくなり直線化された。ラジエターも

135　ポリカルポフＲ‐Ｚ

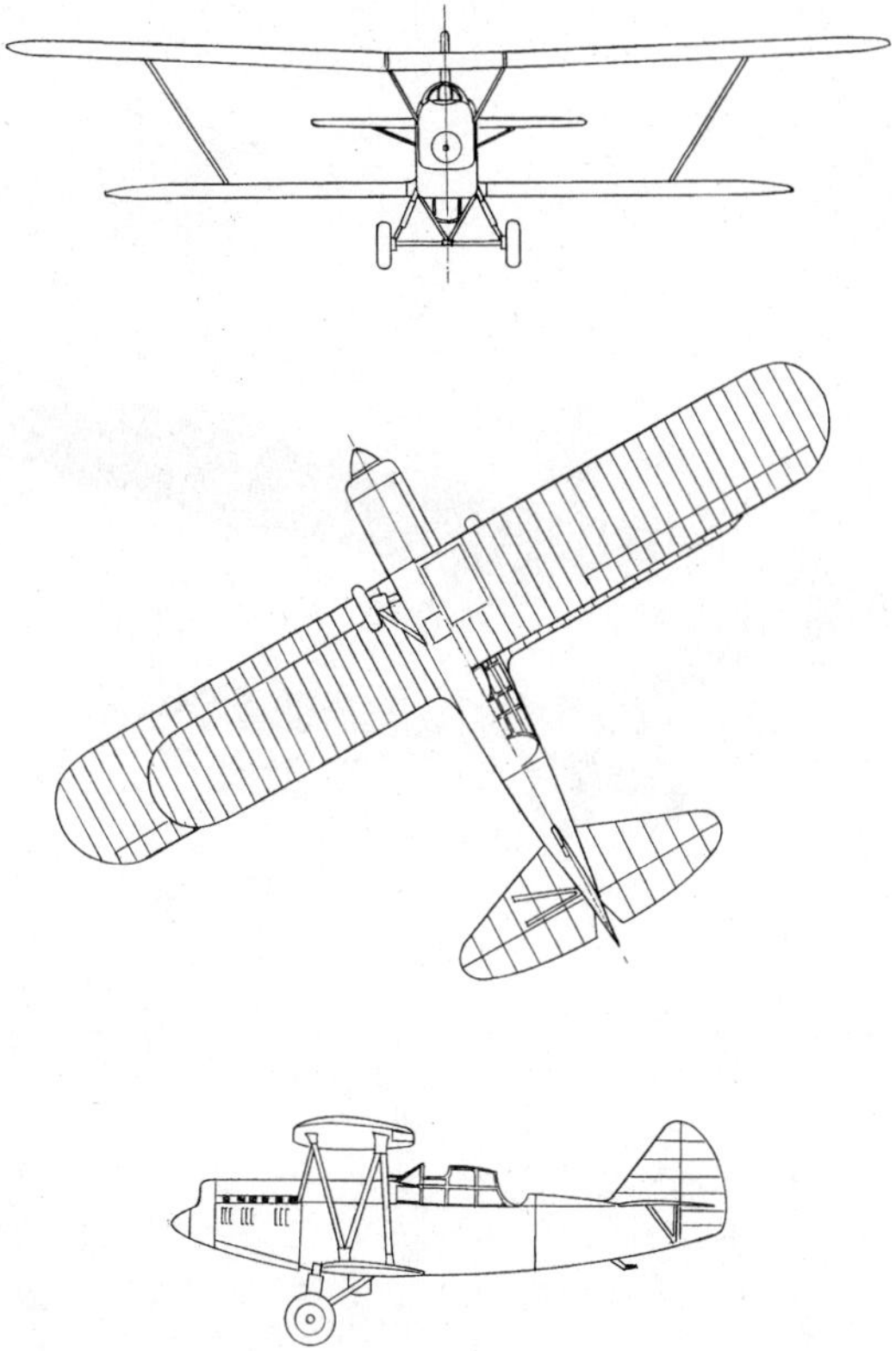

ポリカルポフR-Z　エンジン：M-34N(850hp)×１　全幅15.5m　全長9.72m　全高3.73m　全備重量3150kg　最大速度316km/h　上昇限度8700m　航続距離1000km　武装：500kgまでの爆弾、7.62mm機銃×３、ほかに7.62mm機銃×４のガンパック装備も可能

後方に移され、尾部も尾翼の面積が増積するよう再設計され、燃料タンクの容量も増加した。このような改造はZavod1の工場長だったベレンコフと主任技師のシェコロフによって提案された。

基となったR-5も四〇〇キロ程度の爆弾を搭載して軽爆撃機として使用することもできたが、R-Zでは機体が高度の機動に耐えられるようになった。武装も、二梃の固定機銃と一梃の旋回機銃のほか、爆弾を通常三〇〇キロ、過荷重で五〇〇キロを搭載し、機銃四梃が入ったガンパックを懸吊することもできるという、地上攻撃能力が高い機体となった。

機体の寸度の縮小やエンジンのパワーアップにより操縦性も向上したが、最高速度三一六キロ／時（高度五〇〇〇メートル）、実用上昇限度八七〇〇メートルと、R－5（それぞれ二二八キロ／時、六四〇〇メートル）よりも飛行性能も大幅に高められた。だが、ソ連空軍にとってのR－Z開発の最大のメリットは何といってもそれほどの開発期間を要さずともそれなりの性能の地上攻撃機をまとまった数入手できたことだろう。まだ、戦闘爆撃機という考え方はおろか戦闘機の有用性の認識すらままならなかった時代だったので、R－Zは当時としては重宝な軍用機だったことであろう。開発と生産を担当したZavod1では一九三五年〜三七年に一〇三一機のR－Zを生産した。

在来のR－5やエンジンを七一五馬力のM－17Fに換装したR－5SSSとともに、R－Zは一九三〇年代末期のソ連空軍の近距離偵察、軽爆撃、襲撃機部隊の中心となり、R－Zに至っては陸軍直協機部隊でも使用された。

R－ZはR－5とともに人民政府軍側を支援するためにスペインに送られて、スペイン戦争で実戦を経験したが、一九三九年初頭でも六八七機がベラルーシ、キエフ、カルコフの各基地に配備されていた。同年夏期の日本陸軍とのノモンハン国境紛争や一九三九年から四〇年にかけての冬期にフィンランドに侵攻した冬戦争でも相当数が用いられた。一九四一年初夏の独ソ戦開戦の頃も一線にあったが、四四年頃にはすべて前線からは退いたものの残存機は大戦後もしばらくは後方任務についていたという。

R・Zにも民間型があり、武装を撤去し、二七五キロのペイロードと二名の旅客または郵便物を運搬するP・Z、それに貨物運搬用のコンテナを胴体下か主翼下に懸吊した、非武装のより簡便な輸送機型転用のR・Z・GKもあった。

ポリカルポフⅠ・15
Polikarpov I-15

Ⅰ－5戦闘機は両大戦間の軍用機としては多数の八〇〇機が生産されたが、性能的には傑出したものではなく、新技術が盛り込まれた機体でもなかった。しかしながら、Ⅰ－5をリファインして開発されたⅠ－15は一挙に世界水準を抜きん出た高性能の戦闘機となり、各国の注目を浴びる機体となった。

Ⅰ－15の試作型、ＴｓＫＢ－3の開発は一九三三年初頭から行なわれたが、外形的にはⅠ－5を基にしていたとすぐわかるものだった。一葉半の上下の主翼、ずんぐりとした胴体、それにエンジンを覆ったタウネンド・カウリングはⅠ－5のスタイルを踏襲していたからである。

しかし、タウネンド・カウリングの中身のエンジンはサイクロン・エンジンをライセンス生産したM‐25（七一五馬力）となり、上翼は胴体上部から翼付け根が伸びるガル型翼となった（実際には前上方視界の向上にしか寄与しなかった）。また、上下の翼をつなぐ支柱と主脚の支柱はそれぞれ一本だけの単支柱に改められ、空力的にも洗練された。

初飛行は一九三三年十月に実施された。エンジンの出力の大幅アップに加え機体構造の改修により、I‐15の操縦性能や運動性能は大幅に改善されたため、飛行試験も高い評価が得られ、翌三四年には量産化、実戦配備が順調に進められた。後期のタイプからは、プロペラも二枚プロペラではあったが、金属製の可変ピッチになっていた。武装は装備する機銃は七・六二ミリ機銃が四梃だったが、下翼下には地上軍支援のための小型爆弾を各種一〇〇キロ程度まで積めるようになったほか、RS‐82ロケット弾を発射するためのレールを六基備えることもできた。

そのようなI‐15が実戦で初めて牙をむいたのはスペイン戦争の共和国政府軍を支援する戦闘機として送られたときであった。I‐15は一九三六年十一月にはマドリード戦線に登場し、翌三七年春には二〇〇機近くものI‐15が戦場にあった。スペイン戦争で共和国政府軍に対峙したフランコ革命政府軍はドイツやイタリアといった後に枢軸国となる陣営の国々からの支援軍用機を装備していたが、I‐15はフランコ側の

141　ポリカルポフＩ - 15

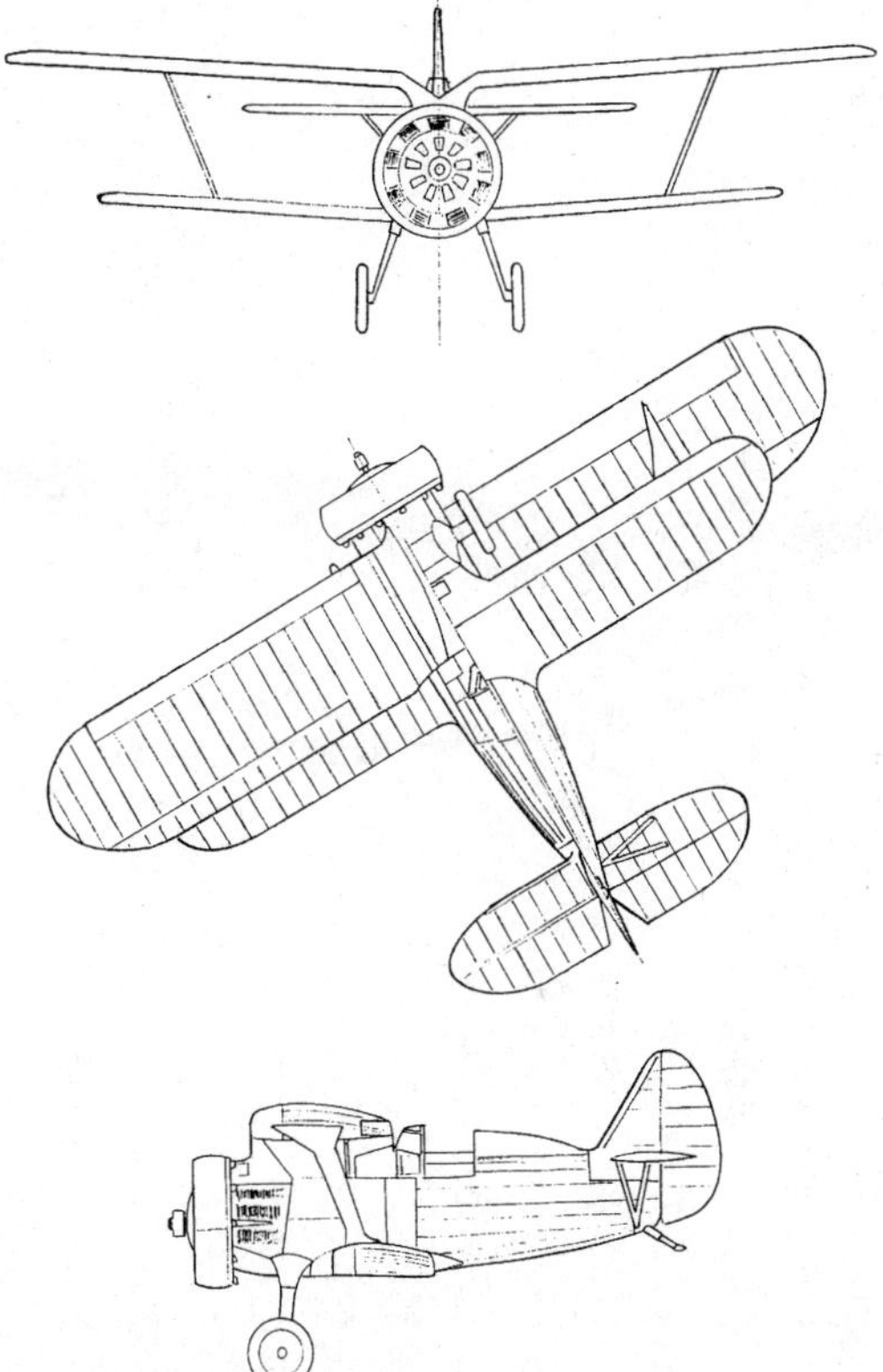

ポリカルポフI-15　エンジン：M-25(715hp)×１　全幅9.75m　全長6.10m　全高2.92m　全備重量1374kg　最大速度368km/h(高度3000m)　上昇限度9800m　航続距離500km　武装：7.62mm機銃×４、爆弾各種100kgまたはRS-82ロケット弾×６

軍用機を相手に多くの勝利を納めた。新生ドイツ空軍がフランコ側に供与したハインケルＨｅ51では、Ｉ‐15にはとても歯が立たなかった。

しかし、それはソビエト連邦となってからのソ連製軍用機の初めての目覚しい実戦での勝利でもあった。もっとも、Ｉ‐15の高性能はスペイン戦争での空の戦いの激化の呼び水となり、独・伊、ソ連ともさらに高性能の新型軍用機を投入させ、戦争を一層過激なものにしてしまったのだが。

スペイン戦争でも高い評価を得たＩ‐15はスペイン国内でも生産

されたり独自に武装強化が図られたが、結局のところこの戦争はフランコ軍側の勝利で終わった。

I-15の後継機として、ソ連国内でもI-152、I-153が開発、生産され、これにともないI-15も大戦勃発の頃には練習や連絡といった後方任務に下がっていたが、一部は一九四一年のドイツ軍の対ソ侵攻開始の時にあってもまだ黒海方面の海軍航空部隊で第一線にあった。

なお、I-15は高々度飛行用の装備で一九三五年十一月二十一日に高度一万四五七五メートルの高々度飛行記録を樹立したこともあり、また、操縦席を与圧室にしたI-15GKが試作され、試験されたこともあった。

ポリカルポフI・152
Polikarpov I-152

日華事変当時の中国空軍にも多数供与され、中国大陸で日本帝国陸海軍の軍用機と戦い、あの零式艦上戦闘機が緒戦で戦った相手としても知られる戦闘機である。スペイン戦争で活躍したI・15の発展型なのでI・15bisと呼ばれることもあるが、外見的にはかなり異なり進歩している点も多い。開発はI・15の量産が始まった頃にはすでに着手されていた。

I・15の形状の面での特徴は複葉の主翼の上翼をガル型に胴体上部に接続させた点にあったが、このガル型翼は操縦士の視界向上にはあまり寄与しなかったので、I・5のような上翼と胴体が離れた形式に戻っている。しかし、上下の主翼や主車輪の支柱は少なくなったままで、改良型のM・25B（七五〇馬力）エンジンはより空力的に

145　ポリカルポフI - 152

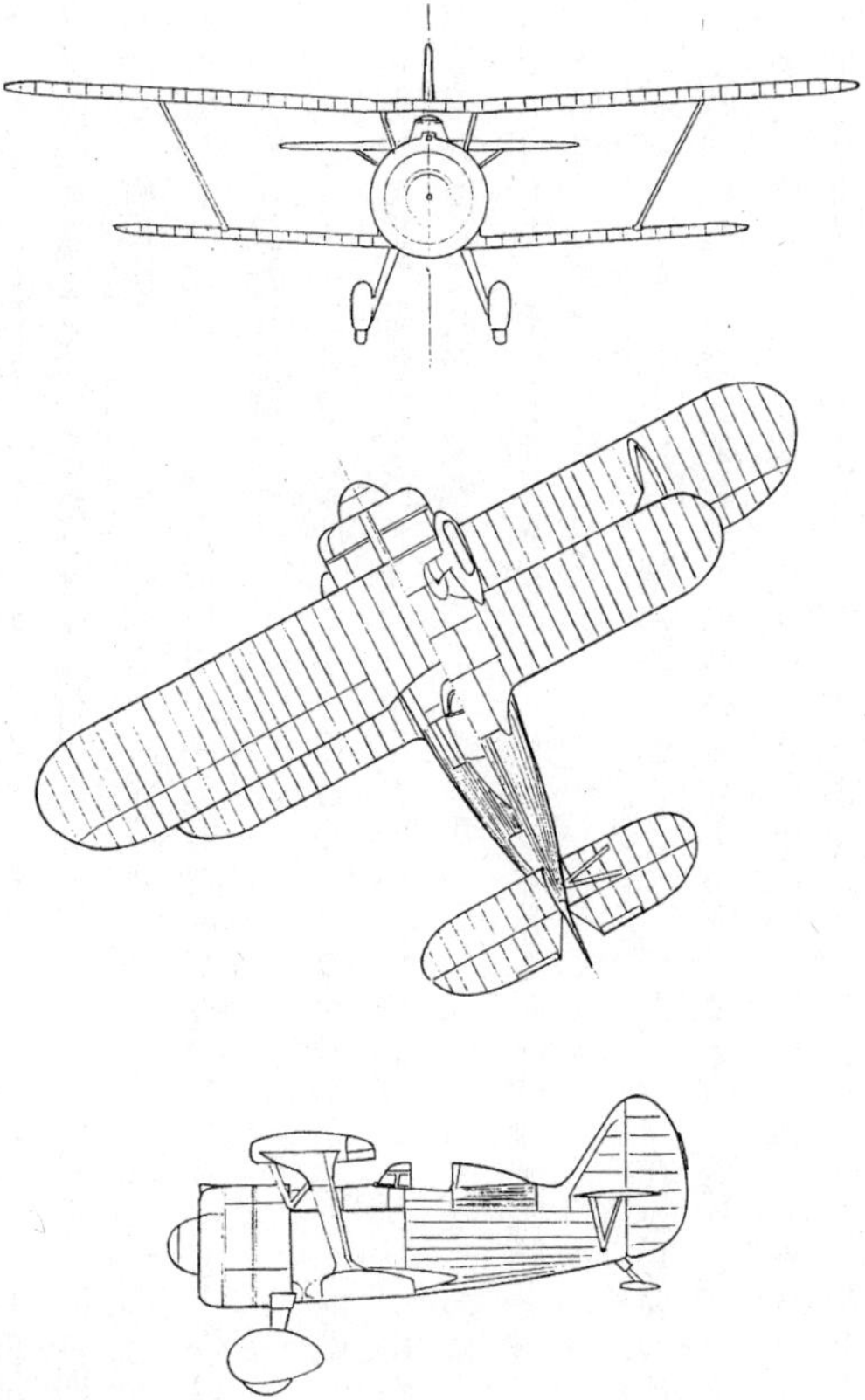

ポリカルポフI-152　エンジン：M-25B(750hp)　全幅10.2m　全長6.27m　全高3.0m　全備重量1834kg　最大速度346km/h　上昇限度9500m　最大航続距離800km　武装：7.62mm機銃×4、爆弾100kg

洗練されたNACAカウリングで覆われ、プロペラにもスピンナーが付いた。操縦席の後ろは九ミリの防弾板で保護され、左右の下翼下には一〇〇リットルの増加燃料タンクを懸架することができた。この燃料タンクがないときの航続能力は四五〇キロだったが、外部燃料タンクを付けることにより八〇〇キロまで伸ばすことができた。武装も同じ七・六二ミリ口径の機銃ながら発射速度が速いShKASとなり、I‐15同様の攻撃用武器を搭載することもできた。

I‐152もスペイン戦争に参加してI‐15とともに政府側空軍機として戦ったが、日本軍にとっては日華事変では青天白日マークの中国空軍機、ノモンハン事件のときはソ連空軍機として直接に交戦する相手となった。I‐152にとってはこのような一九三〇年代後半の航空戦が花形戦闘機として活躍できる場で、複葉戦闘機としては最も発達した部類の機体といえた。

ソ連軍がフィンランドに攻め込んだことにより、一九三〇年代から四〇年代にきり変わる時期に起こった「冬戦争」においてもI‐152は第一線にありフィンランド空軍機と激しく戦ったが、攻撃よりも防御に重きを置いてよく訓練されたフィンランド戦闘機部隊の練度が非常に高く、この戦いでは大きな損害を被った。一九四一年にナチス・ドイツがバルバロッサ作戦を開始してソ連領内になだれ込んだ時期においてもI

‐152は依然第一線に置かれていたが、さすがにこの頃にはI‐152は旧式化して実戦機の任務を務めるには困難な性能になっていたうえ、ドイツ空軍の侵攻が奇襲攻撃でもあったため最初の一撃でかなりの機数のI‐152が戦闘不能にされた。
　前年のバトル・オブ・ブリテンで英空軍に痛めつけられたドイツ空軍はソ連への最初の空襲による大勝利で大いに活気づいたが、裏を返せばこの勝利は本機やツポレフSB‐2のような旧式機を大量に破壊したことによるものだった。
　だが、複葉戦闘機としては最高の性能だったI‐152もドイツ空軍相手の航空戦にはついていけなかったが、ソ連空軍もＹａｋ‐１やＬａＧＧ‐３のような近代的な戦闘機の数が揃うまでは戦い続けなければならなかった。スペイン戦争でも戦ったＢｆ109は相当改良が進み性能差がつき過ぎたので戦闘は難しかっただろうが、戦闘可能な状態で残っていたＩ‐152は翼下にＲＳ‐82ロケット弾を装備して爆撃機を迎撃する任務をこなした。

戦闘機としての能力開発に努めたＩ‐152だったが、非戦闘任務では複座に改め戦闘練習機Ｉ‐152ＤＩＴとなったものもあり、排気タービンの試験をするためのテストベッドとなったＩ‐152もあった。このような使い方ができたのはＩ‐152が航空機として優れていたからであろう。

ポリカルポフI・153
Polikarpov I-153

一九三〇年代の初期からソ連空軍の主力戦闘機の地位にあったI・5をリファインして傑作複葉戦闘機となったI・15シリーズの開発の最終段階に到達したといえる機体がI・153で、複葉機の保守性と近代的な引き込み脚機構といった新旧の技術が同居した過渡期の時期の戦闘機だった。すでに単葉機が主力となりつつある日本軍とのノモンハン事件やフィンランドに侵攻した冬戦争でも多数が第一線戦闘機として投入され、より近代的な戦闘機を慌てさせたこともあったと言われている。

ソ連空軍で初めて主力単葉引き込み脚戦闘機となったI・16はI・15系の後継機というわけではなく、高速性能を生かしてI・16が一撃離脱で爆撃機を攻撃し、I・15系が運動性能によって敵護衛戦闘機に格闘戦を挑むという図式で併用が考慮されていれた。

た。両タイプともスペイン戦争に参加したが、この戦いでの戦訓により改良が進められた。

政府軍側空軍機となったI-15、I-152はフランコ総統側空軍が用いたドイツ、イタリア製の複葉戦闘機を相手に勝利を納めたが、スペインでの空の戦いは単葉引き込み脚の戦闘機が主力となることをも暗示していた。まだ産声を上げたばかりではあったが、メッサーシュミットBf109の初期量産型が姿を現わし始め、対戦闘機戦闘も一撃離脱の戦闘が重視されるようになることが予想された。

格闘戦を旨としていたI‐15系でもこの現実は重く受け止められ、格闘性能を維持しつつ速度性能の向上が試みられて開発されたのがI‐153だった。主翼は再び上方視界を重視するI‐15のようなガル型に戻り、主脚が引き込み脚になったことが外見上の大きな違いだった。生産は一九三八年から始められたが、I‐153もさらに後期の型になると、エンジンに一一〇〇馬力のM‐63を用いた。八〇〇馬力台のエンジンで金属製の単葉引き込み脚の戦闘機開発にチャレンジしたイタリアや九四〇馬力のエンジンで零戦や隼を開発した日本からすれば考えられないようなことだが、I‐15系最後の戦闘機である複葉機I‐153は一一〇〇馬力のエンジンを動力としていたのである。

I‐153が戦闘能力を最もアピールしたのは一九三〇年代末期の航空戦だろう。ユー

151　ポリカルポフI - 153

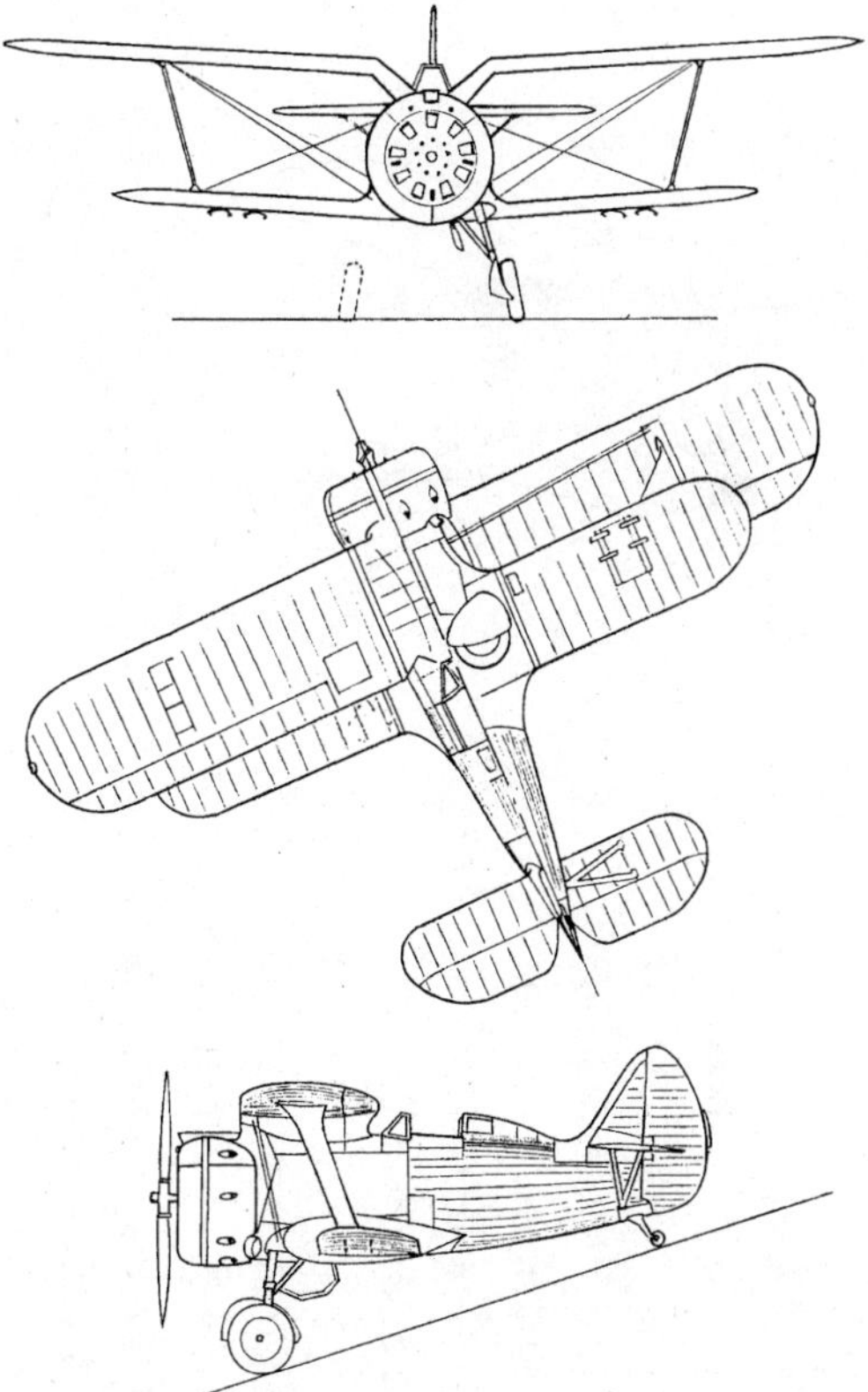

ポリカルポフI-153　エンジン：M-63(1100hp)×1　全幅10m　全長6.17m　全高3.0m　全備重量1960kg　最大速度450km/h　上昇限度9000m　航続距離880km　武装：7.62mm機銃×4、爆弾100kg

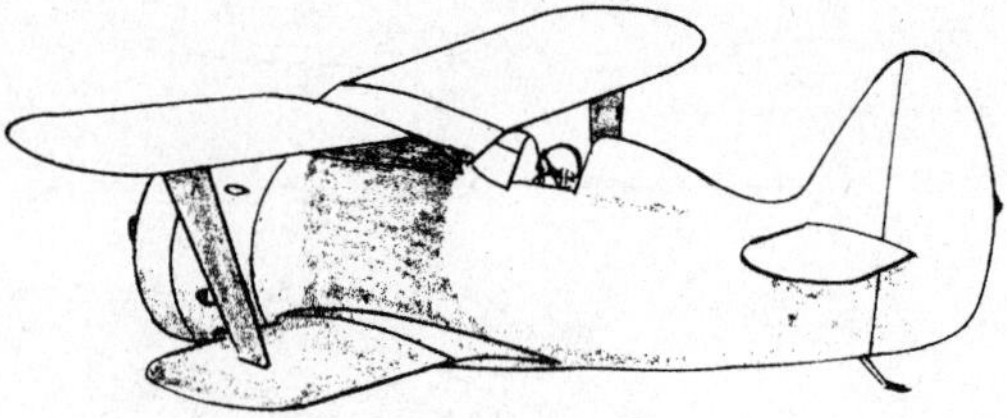

ザーはソ連空軍のほか、日中戦争で戦い続けていた中国空軍だった。ソ連空軍はまず日本陸軍航空隊と戦ったノモンハン事件でI-16とともにこのI-153を登場させたが、九七式戦闘機と激しい空中戦を演じた。

日本陸軍航空隊の戦闘機パイロットは日中戦争やソ連軍との国境紛争である張鼓峰事件でソ連製の戦闘機などと戦った経験があった。I-15、I-152についてもすでに知っていたので、最大速度が三〇〇キロ/時台半ばのI-152かと思って接敵したら、脚を引っ込めて最大速度四五〇キロ/時のI

‐153に「変身」ということもあったようである。

一九三九年から四〇年にかけての冬にフィンランドに攻め込んだ「冬戦争」でもI‐153はI‐16とともに主力戦闘機の座にあったが、極端な「専守防衛」体制を敷いて訓練を積んだ優秀なパイロットを集めたフィンランド空軍迎撃戦闘機部隊や高射砲部隊に苦戦を強いられた。そのため多くのI‐153、I‐16が撃墜されたが、その残骸から何と一一機ものI‐153が再生され、一九四一年夏からの継続戦争でフィンランド空軍の戦闘機、練習機として使われたとのことである。

一九四一年にドイツ軍のバルバロッサ作戦が始まったときもI‐153は第一線にあったため緒戦の奇襲攻撃でかなりの機数が失われたが、残ったI‐153は対爆撃機戦闘やRS‐82ロケット弾などを搭載して侵攻軍攻撃に使われた。

I‐15系の戦闘機はテストベッドとして使われることも多かったが、特筆すべき実験機はラムジェット・エンジンを下翼下に装備したI‐153DM‐2、同DM‐4だろう。また、与圧室の実験機としてI‐153GKも試験に供された。

ポリカルポフⅠ-16
Polikarpov I-16

一九三〇年代前半は双発以上の航空機の単葉機化、引き込み脚化が進められた時期だったが、先進的技術の導入にやぶさかでない空軍では単発戦闘機の分野でも技術革新を行なった。例えば、米陸軍航空隊では追撃機として低翼単葉引き込み脚のロッキードP-24やコンソリデーテッドP-25～-33が一九三一年頃から開発され（これらはいずれも複座機）、同時期に米陸軍航空隊最後の固定脚戦闘機となったボーイングP-26を引き込み脚にしたP-29、-32（ともに単座機）も実用機にはならなかった。

ソ連でも一九三〇年代前半に開発されたツポレフ設計室のI-14、また、七六ミリ大口径砲を搭載するより急進的なグリゴロヴィッチIP-1が単葉引き込み脚の戦闘

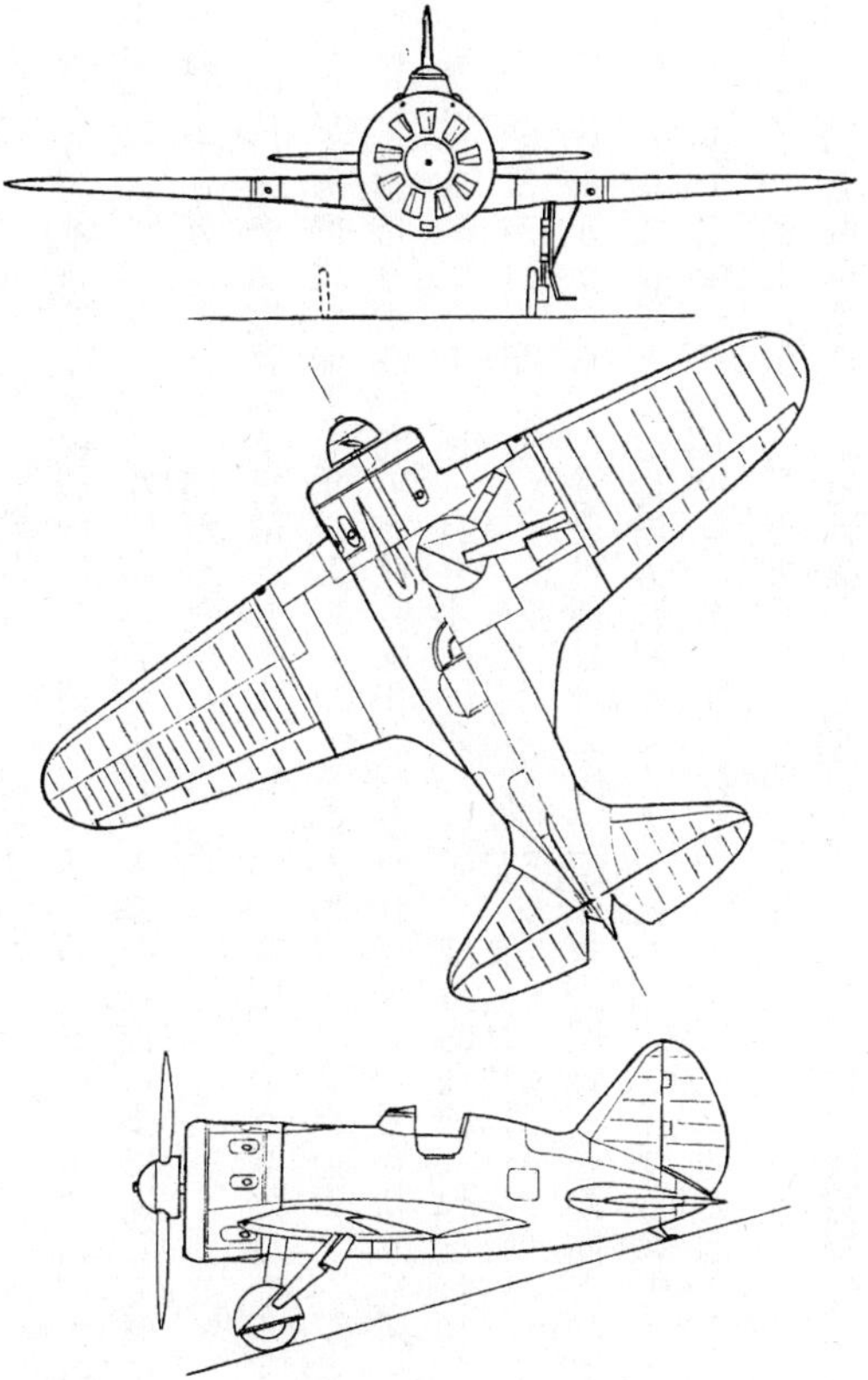

ポリカルポフI-16-24　エンジン：M-63(1100hp)×1　全幅8.84m　全長6.02m　全高2.36m　全備重量2059kg　最大速度470km/h　上昇限度9700m　航続距離700km　武装：20mm機関砲×2、7.62mm機銃×2

機として生産されて部隊配備も行なわれたが、いずれも軍用機としての完成度が低かったので、一九三九年の大戦勃発までには任を解かれている。

このように革新的な軍用機技術の単葉、引き込み脚は実用段階に到達するまでに試練を経ているのだが、様々な問題点を克服し主力機の地位にまで達して歴史に名を残したのがポリカルポフI‐16だった。

I‐16は対戦闘機戦闘を目的としたI‐15系の後継機という訳ではなく、高速度を利しての大型機攻撃能力を重視していた。そのため、より高出力のエンジンの換装を繰り返しながら速度性能向上と武装強化が行なわれた。もっとも初期量産型のI‐16‐5も最終量産型のI‐16‐24も寸度は変わらず、空力的洗練も行なわれなかったため、エンジンがM‐25（七〇〇馬力）からM‐63（一一〇〇馬力）にパワー・アップされたのにもかかわらず、速度性能は一二～一三キロ／時程度しか向上していない。これは、武装強化による重量増大に起因するのであろう。タイプ5は七・六二ミリ機銃二梃で最大重量一五三五キロ、タイプ24は二〇ミリ機関砲二門と七・六二ミリ機銃二梃となり、最大重量も二〇五九キロとなっている。

複葉機か高翼単葉機、固定脚機が主流だった一九三〇年代の戦闘機のなかでI‐16が際立つ存在だった理由はその特異な形状にもあった。胴体の最も太いところがエン

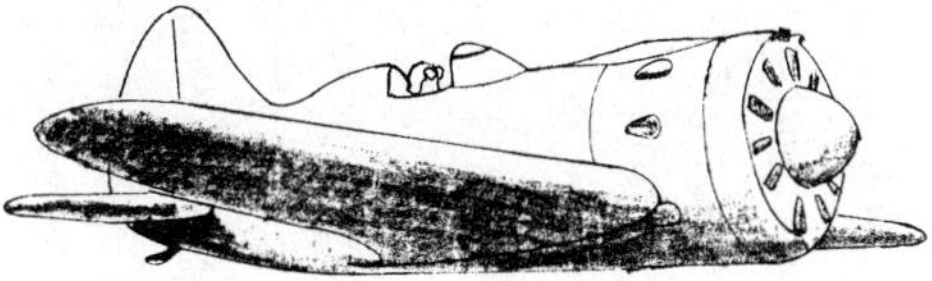

ジン・カウリングで、胴体がわずか六メートルと異様に短いため、方向舵、昇降舵までかなり急な曲線で絞り込まれている。主翼幅も八・八四メートルと決して広くなく、主翼後縁と尾翼前縁の大きなフィレットがくっ付きそうな平面形はアブが飛ぶ姿を連想させる。

このような姿になると操縦が難しくなるのが必定で、事実「I‐16を乗りこなせればどんな飛行機も操縦できる」と言われたほど操縦性に癖があったようである。

ではあるが、ソ連空軍でI‐16が主力戦闘機として位置付けられると、一九三六年七月に内戦が起こったスペインに送られ、人民政府軍側支援機として実戦参加した。この戦争ではファシスト政府軍側を支援したドイツ、イタリアの複葉戦闘機、ハインケルHe51やフィアットC

R32と戦い、多くの勝利を納め、ソ連空軍の大きな自信となった。スペインではI-16は操縦が難しいながらも好評で、風防や操縦席背後の形状などを改めた自国ライセンス生産型も作られた。

一九三〇年代後半からの日中戦争にもI-16は中国空軍機として、また、一九三九年夏のノモンハン戦争ではソ連空軍機として姿を現わし、複葉、固定脚の日本陸海軍の戦闘機を苦しめたようである。

だが、これらの勝利は新型機種の戦力化を遅らせる要因にもなり、英独がハリケーンやスピットファイア、メッサーシュミットBf109の数を揃えていた一九三九年～四〇年冬のソ・フィン戦争では専守防衛と少数精鋭を地で行くフィンランド空軍のVL(国営工場)製フォッカーD21に大敗北を喫した。それでも、新型機の戦力化の遅れからI-16が依然として一九四一年六月の独ソ戦開戦時でも第一線機の地位にあり、ドイツ空軍機を相手に苦しい戦いを続けた。

単葉引き込み脚が戦闘機の主力となることを最初に示したのはI-16だったが、軍用機の進歩が日進月歩であることを示したのもこの戦闘機だったといえるだろう。

シャフロフSh・2
Shavrov　Sh-2

V・B・シャフロフは一九二八年〜二九年にレニングラードのZavod23工場の自らの設計室で、スポーツ航空、練習、軽輸送用途の小型飛行艇Sh・1を開発した。八五馬力のワルター空冷星型エンジンを動力とし、艇体下部から突き出たスポンソン型の小翼には水上での安定を確保するための小型フロートが付いたが、陸上での運用も可能な降着装置があった。艇体左右には可動式の主車輪があり、尾部にはスキッドが付いいた。木製構造で、複座の搭乗員席の後ろには三人目用の座席または燃料タンクを設置できるスペース的余裕もあったが、エンジン出力が不足気味の点が泣き所だった。

Sh・1の開発、飛行試験が進むなか、一九三〇年にシャフロフは動力をM・11

（一〇〇馬力）に換え、機体を大型化したSh・2の構想を固めつつあった。基本的にはSh・1のスタイルを踏襲していたが、全幅／全長／翼面積／全備重量の順に、Sh・1の一〇・七メートル／七・七メートル／二〇・二八平方メートル／七七九キロからSh・2の一三メートル／八・二メートル／二四・七平方メートル／九〇〇キロへと大型化し、性能も相当向上した。とくに航続性能と搭載能力の向上には著しいものがあった。

このような新型機開発移行への経緯はダグラスDC・2が名機になる可能性があったのにもかかわらず、あっさり別機ほどの違いのDC・3開発に切り替えたケースと似ているが、この思い切りの良さはDC・3同様にSh・2にも良い結果をもたらし、この小型飛行艇に非常に長い寿命を与えた。

原型機の製造指示は一九三〇年二月一日に行なわれ、同年十一月十一日に試作機は完成した。Sh・2は改設計により三三二リットルの燃料容量が確保でき（Sh・1は二〇三リットルだった）、過荷重で五〇〇キロの搭載能力があった。レニングラードで行なわれた飛行試験により、軍用機としても民間機としても、練習機の用途で使用できることが確認された。これによりSh・2の量産は一九三三年から始まった。

まずアエロフロートがSh・2のユーザーとなったが、民間機としては地方での水

161　シャフロフ Sh - 2

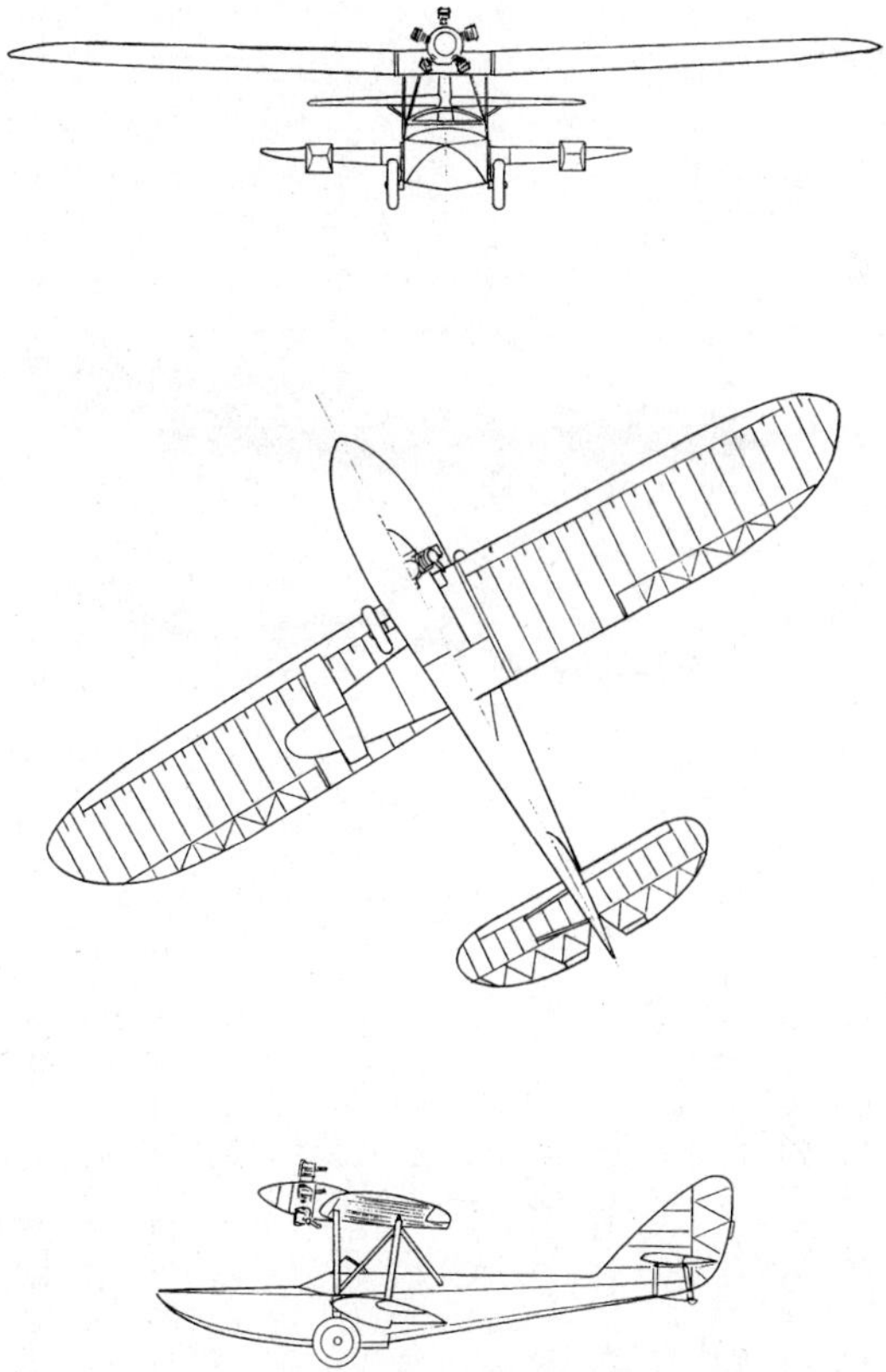

シャフロフSh-2　エンジン：M-11（100hp）× 1　全幅13.0m　全長8.2m　全高2.5m　全備重量1160kg　最大速度139km/h　上昇限度3350m　航続距離1300km

陸での空輸や航空郵便の輸送、農業、魚群探索、森林保護、流氷観測などの用途で使用された。軍用機としては練習以外にも航空救難や傷病者空輸、連絡などの要務飛行で使用された。一九三二年〜三四年の二七〇機生産というのが確認されるまとまった生産機数だが、Sh‐2へのニーズは高く、その後も補充用の部品などを用いて必要に応じて製造されており、第二次大戦が始まってからも依然作られ続けていたという。独ソ戦開戦後は、部隊間の連絡飛行や傷病者空輸などで大いに活躍した。
大戦勃発直前の時期、いくつか

の設計室で軽輸送、連絡用の小型飛行艇が開発され、飛行テストで良好な結果を残したのにもかかわらず、実戦機の生産を重視した戦時量産体制のため生産を見送らざるを得ない例もいくつかあった。そんな事情もSh‐2のような実戦機ではないながらも使いやすい小型飛行艇への需要を高めたのであろう。

結局、大戦の嵐が止む頃には飛行艇開発が下火になっていたのはソ連の航空工業も同様だったが、使われ続けていたSh‐2にさらなる改良を施し、例外的に長く使われる飛行艇にした。戦後にはエンジンがカウリングに覆われ、搭乗員席もガラス張りになったSh‐2bisなどが作られた。これらの最終号機が引退したのは一九六四年のことだったという。

シチェルバコフShche-2
Shcherbakov Shche-2

木材加工技術を応用して非戦略物資により当座必要とされる軍用機を揃えることができたのはソ連空軍のもうひとつの特徴といえた。アレクセイ・ヤコブレビッチ・シチェルバコフはI-153戦闘機の設計で重要な役割を果たしたが、戦時軍用機生産管理の仕事に携わった後、自らの設計室で高速戦闘機や軍用グライダーなどの開発を計画した。それらの中でも、戦時生産体制下での生産を考慮して開発した軽輸送機Ｓｈｃｈｅ-２は、要務飛行任務で使われていた旧式機に代わる軍用機として大戦末期から戦後にかけて五五〇機生産された。

しかしながら、戦時中の急な需要に応えて大急ぎで開発されたのにも関わらず、量産型が出来上がってきた頃には戦局が好転していたので、必ずしも本来の能力を発揮

165　シチェルバコフ Shche - 2

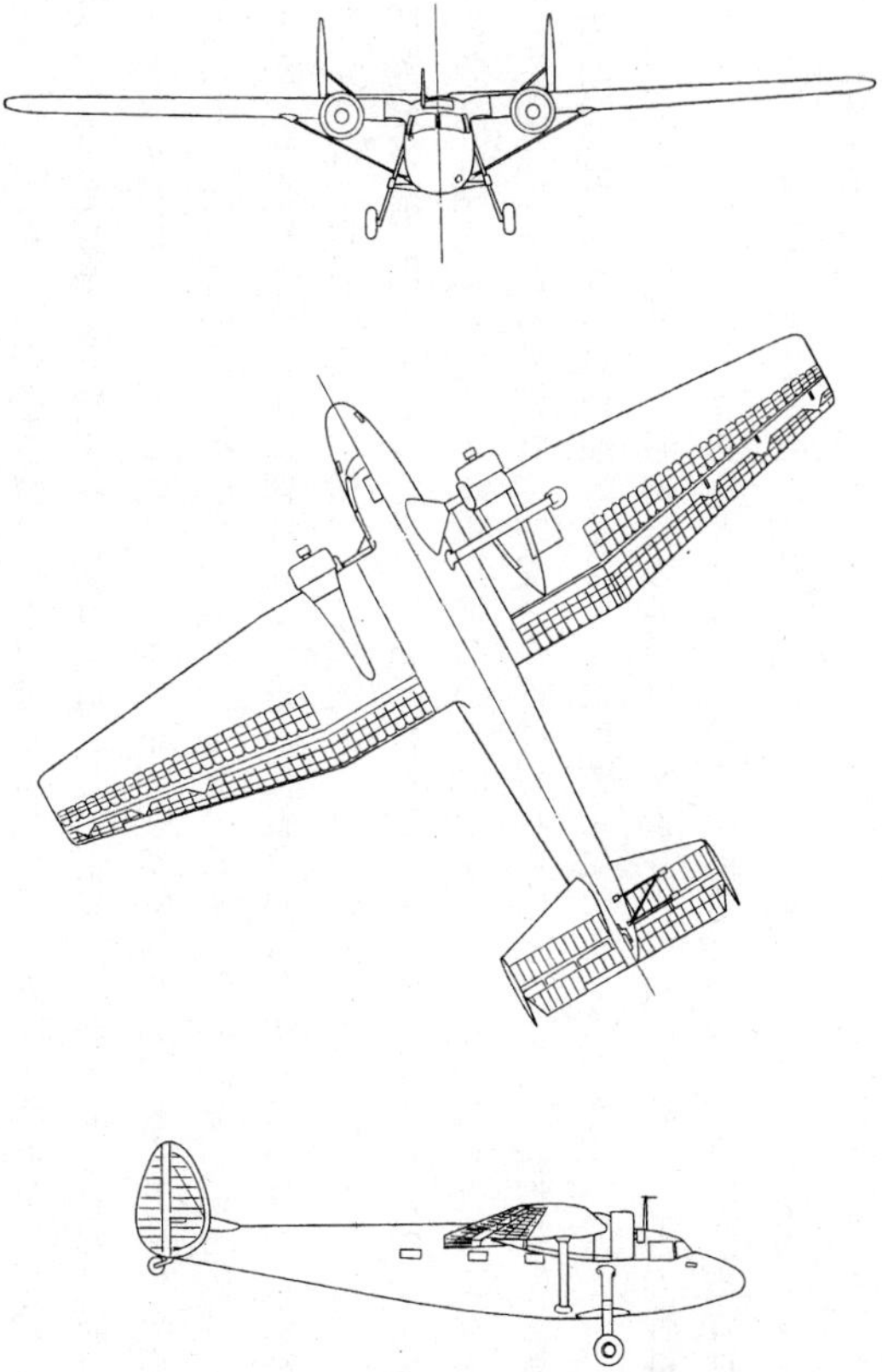

シチェルバコフShche-2　エンジン：M-11D(115hp)×2　全幅20.54m　全長14.27m　全備重量3700kg　最大速度155km/h　上昇限度3000m　航続距離980km

できたとは言い難い面もあった。

この古くて新しい軽輸送機は、独ソ戦が激化する一九四二年七月に、物資や要員を運び、工場や整備場を結ぶ多用途輸送機として緊急設計が承認された。設計を指揮したシチェルバコフはGAZのディレクター、航空機修理のNKAPの中央事務局の長を兼ねていた。この頃は第一線から退いたR－5や練習機から用途を広げたPo－2などが要務飛行や軽輸送に使われていたが、戦争が激化するにつれて航空機用エンジンやかさばる軍事物資を運搬できる能力も求められるようになっていた。

前線で整備を担当する地上員に補充品を運び、また、パルチザンへの支援物資輸送や緊急旅客輸送に対応できる輸送機への要請は急で、一九四二年九月には海軍航空隊からも開発にあたっての財務的支援が寄せられたほどだった。新型軽輸送機の設計は六週間で行なわれ、試作型のTS－1は同年末にローンチした。

生産にあたっては非戦略物資の使用はもとより、製造のための労力の軽減も前提とされた。それゆえ木材骨組みと羽布張り中心の構造となった。搭載する貨物の積み下ろしのしやすさも考慮され、胴体左側に大きな扉を持ち、機体のレイアウトも高翼の固定脚とされた。

一九四三年四月十七日には早くも初飛行が行なわれ、直ちにフライト・テストに

167　シチェルバコフ Shche - 2

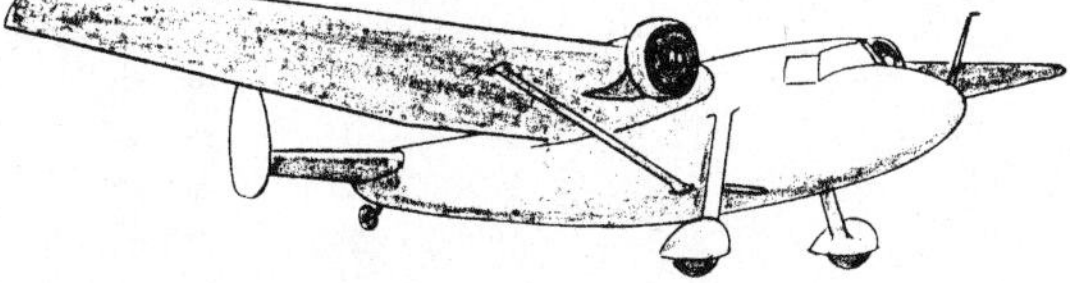

入ったが、一〇〇馬力クラスの低出力のエンジンを動力としたため、速度は最大でも一五五キロ／時、上昇限度も三〇〇〇メートルという低性能だった。しかしながら、この後方から前線への航空輸送の任務のみを重視した空輸能力が評価され、Ｓｈｃｈｅ－２として一九四四年八月一日から生産が開始された。一六人の乗客か一一架の担架、あるいは九人の武装空挺隊員を運ぶことができる軍用輸送機となった。

だが、生産の開始がいささか遅かったようであった。ドロ縄発想による開発だから活躍の機会を失っていたといってしまえばそれまでだが、ソ連の航空工業の底力での応急開発の緊急輸送機ともいうことができるだろう。一九四四年も後半になると、ドイツ軍、枢軸国軍の劣勢も顕著になっていた。そのためＳｈｃｈｅ－２の開発開始当初の差し迫った前線部隊の空輸用輸送機の需要を満たすというよりも、五人の航法訓練生を乗せる練習機として使われることが多かった。

低性能ではあるが使いやすかったうえ、終戦翌年まで生産が続いたので、多数のＳｈｃｈｅ－２が戦後の民間航空分野やソ連の衛星諸国に放出された。

スホーイSu‐2
Sukhoi Su-2

ミグ戦闘機と同様にスホーイの戦闘機も、ソ連の国家体制の崩壊を経た二〇世紀末にあっても依然、世界中の軍用機マニアの関心を引き付ける存在であり続けている。しかしながら、第二次世界大戦の直前に設計室を独立させて初の量産機を実戦投入させる機会を得ながらも、大成功に至らなかった点もミグと同じだった。

パベル・スホーイはツポレフの設計室でDB‐2（試作長距離爆撃機、後に研究機）の設計に参加した後、傑作偵察兼軽爆撃機R‐5や襲撃機R‐Zの後継機にあたるANT‐51戦術偵察襲撃機の開発に着手した。搭乗員は長いキャビン内に搭乗し、後席の航法士兼偵察員が動力銃座の射手を務める木金混合構造の低翼単葉引き込み脚機で、爆弾は主に胴体内爆弾倉に収納するという、アレンジだった。

ＡＮＴ‐51の試作一号機は、八〇〇馬力のＭ‐62を動力として一九三七年八月二十五日に初飛行を実施。翌三八年三月の飛行試験では各種の性能確認が行なわれたが、最高速度が海面上で三六〇キロ／時、高度四〇〇〇メートルで四〇三キロ／時という数字に示されるように、大戦争を控えた時代の軍用機としては満足のゆく性能が得られなかった。そのため、より高出力のＭ‐87Ａ、Ｂへの換装や構造の全金属化など改善が試みられた。この頃にスホーイの設計チームは設計室に昇格している。

続いて現われた試作機Ｓｚ‐2のエンジンはまだＭ‐62のままだったが爆弾搭載量を減少させており、Ｓｚ‐3は主車輪を後方引き込み式にして、エンジンに九五〇馬力のＭ‐87Ａを用いた後、一〇〇〇馬力のＭ‐87Ｂに換装した。これらの改良努力により速度性能で見れば海面上で三七五キロ／時、高度五六〇〇メートルで四六八キロ／時と相当の改善が見られ、Ｓｕ‐2としての量産化が決まった。

しかし、量産型ではエンジンは九五〇馬力のＭ‐88とされ、機体の構造もベークライト材のセミモノコックとされた。この頃のソ連機は旧型が全金属製でも戦時生産を考慮し改良型で本金混合となるものが多かった。結果的にＳｕ‐2は主翼内に四梃の固定機銃を装備し、機銃各一梃の旋回銃座をコクピット後部と胴体下部に設けた。また、胴体内爆弾倉に四〇〇キロまでの爆弾、翼下に二〇〇キロまでの爆弾かＲＳ‐82

171　スホーイ Su - 2

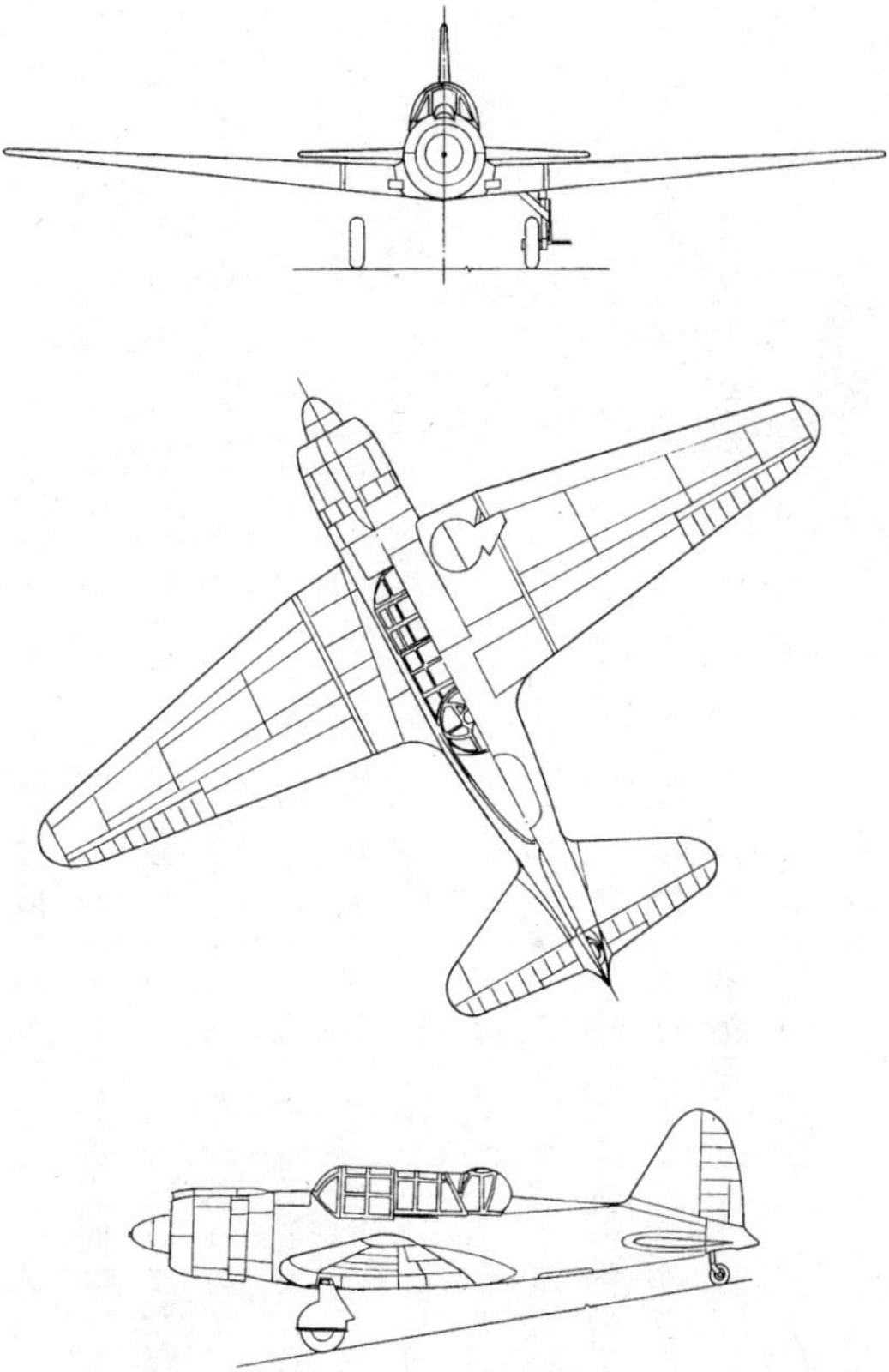

スホーイSu-2　エンジン：M-88B（1000hp）× 1　全幅14.3m　全長10.25m　全備重量4345kg　最大速度455km/h（高度5000m）　上昇限度8900m　航続距離850km　武装：600kgまでの爆弾、7.62mm機銃× 6

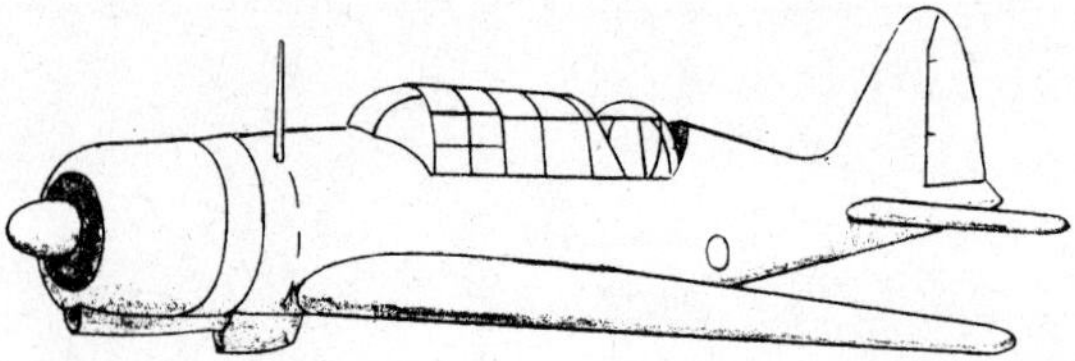

かRS-132のロケット弾を積む偵察爆撃機となった。
Su-2の部隊配備は一九四〇年に始まったが、この頃はまだ軽爆撃機に対しての期待感があったが、実状はすでに強力な護衛なくしては作戦活動が困難な時代になっていた、Su-2と同時代には英国ならフェアリー・バトル、ドイツならハインケルHe70、イタリアならブレダBr65というように、爆弾倉を持つ引き込み脚の単発偵察爆撃機が流行のように試作されて制式化していったが、大戦における作戦活動はいずれも「蛮勇」を奮うがごとくだった。
Su-2についてはM-88B(一〇

〇〇馬力)、M‐82(一四〇〇馬力)へと相次ぐエンジンのパワーアップが試みられたが、また、これらにともなう機体重量の増大により必ずしも性能の向上にはつながらなかった。

一九四一年からの独ソ戦ではSu‐2は短距離多用途機として七五機ほどが使用されていたが、性能的には時代遅れだったので交戦国であるルーマニアとの国境近くにあったSu‐2はすぐにIℓ‐2に置き換えられた。本来の役割だった軽爆撃機として使用されたSu‐2は逐次Pe‐2やTu‐2へと機種更新されていった。

一九四二年までに約九〇〇機が生産され、四二年には後継機のSu‐4も試作されたが、それ以上の生産は行なわれなかった。残存機は極東で後方の任務につくか標的曳航機として使われた。

ツポレフＴＢ・１
Tupolev TB-1

ソ連の航空機は一九四〇年代の初め頃までは機能別に通し番号を割り当てた記号がディジグネーションとされていたが、戦闘機が「Ｉ」だったのに対して、爆撃機は長距離爆撃機が「ＤＢ」、高速爆撃機が「ＳＢ」、重爆撃機は「ＴＢ」と細分されていた。大戦中に登場したペトリヤコフＰｅ・８四発重爆撃機はＴＢ・７から改称されたのだが、このＴＢ・７はソ連で開発された七番目の重爆撃機だったことを意味する。ＴＢシリーズ開発の歴史はロシア革命から六年後の一九二四年から始まったのだが、第一号であるＴＢ・１はまことに寿命が長い機体となった。

ロシア革命の年は第一次世界大戦が終わった年でもあったが、それから五、六年程度しか経っていない時代に開発が始められた機体だったが、波状の外板、支柱をほと

175　ツポレフ TB - 1

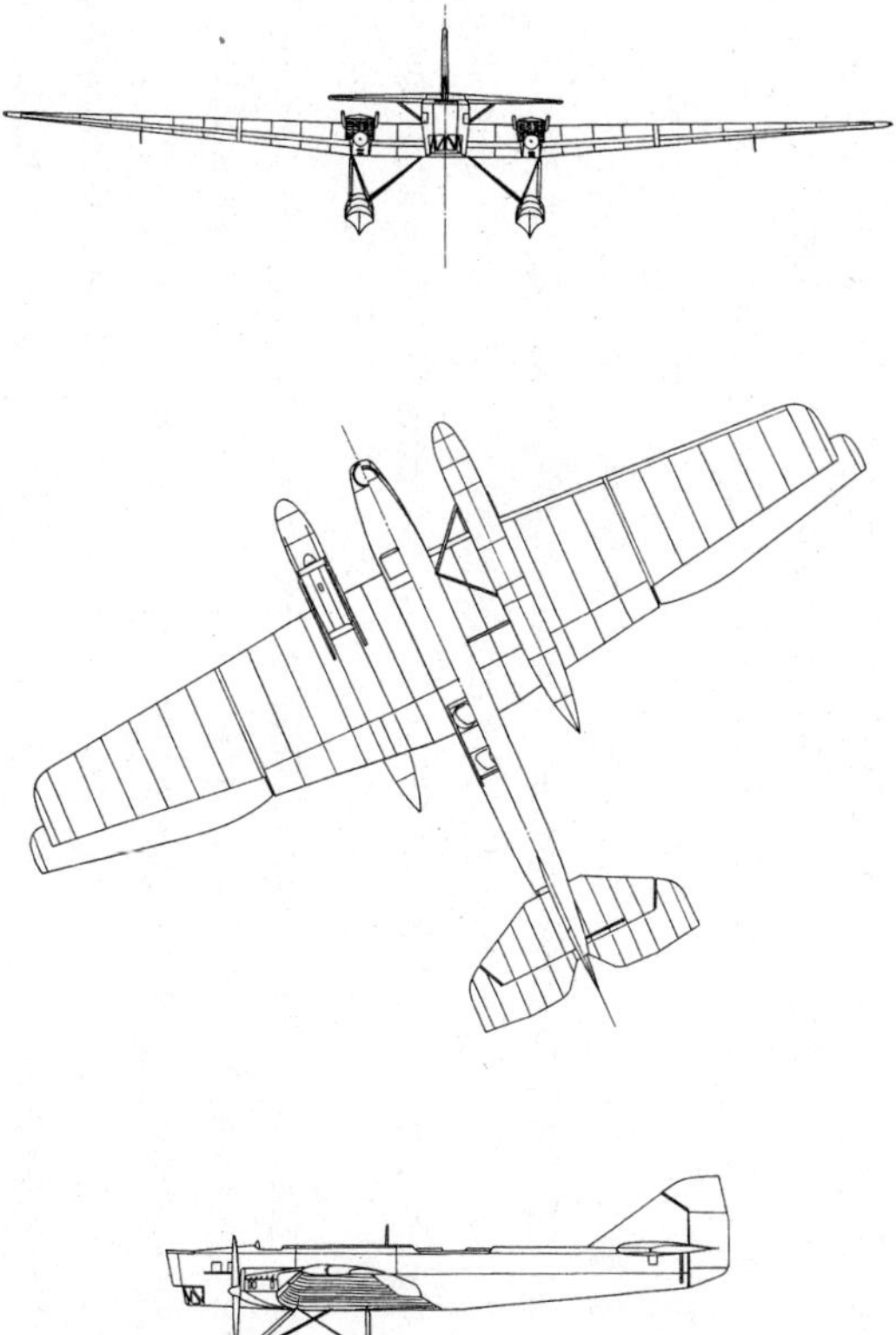

ツポレフTB-1　エンジン：M-17(680hp)×2　全幅28.7m　全長18.06m　全高6.09m　全備重量6810kg　最大速度178km/h　上昇限度4830m　航続距離1000km　武装：爆弾2300kgまで、7.62mm機銃×3

んど持たない全金属製の単葉機といった、革新的な構造の大型機だった。また、R‐6偵察機やTB‐3重爆撃機といったツポレフの一連の大型機の範となった翼型も本機の開発によって確立されていった。

一九二四年にTsAGIに対して求められた特別技術局からの要求は「二〇〇〇キロの爆弾を搭載し、一六五キロ／時以上の速度で飛行できる重爆撃機」という内容で、同年十一月からA・N・ツポレフらの指導によりANT‐4の名称で開発が始められた。

一九二五年十一月に初飛行を行なった試作初号機は四五〇馬力のネピア・ライオン二基を動力としていたが、量産型では六八〇馬力のBMW‐6またはM‐17二基となった。飛行試験が繰り返され、エンジンの変更や翼面積減少、機首の変更などを経て一九二七年〜二八年に生産のための準備が進められた。試作二号機ではフロートを降着装置とする試験も行なわれた。

TB‐1生産のために作られた製造施設GAZ‐22では一九二九年から三二年までの間に二一六機のTB‐1を生産した。開発のペースはゆっくりだったが、平時の自由圏の国々ではとても予算化が認められないような機数の生産が行なわれた訳だが、TB‐1を基に双フロートを持つ水上雷撃機型のTB‐1Pが開発されたほか、大型

177　ツポレフTB‐1

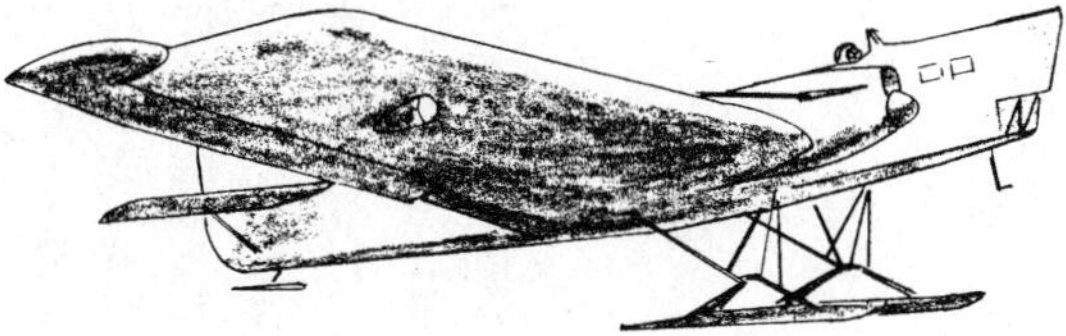

四発重爆撃機としたTB‐3の開発、量産も行なわれた。
TB‐3の開発成功はTB‐1の第一線軍用機としての寿命を縮めることになったが、TB‐1、TB‐3とも、花形軍用機の地位にあったのは大戦間の一九三〇年代前半から半ばにかけての時期だった。
第二次世界大戦が始まった頃にはTB‐1も第一線の爆撃機としてはほとんど用いられておらず、日本陸軍とのノモンハン事件やフィンランドに攻め込んだ冬戦争が爆撃機としての最後の舞台だった。輸送専用型のG‐1も生産されたが、TB‐1は空挺部隊を輸送する任務などが割り当てられた。

しかしながら、TB‐1は一九三〇年代に行なわれた様々な飛行実験のテストベッドとしても使われている。護衛戦闘機を寄生させる「ヴァクミストロフの親子機」計画の飛行試験に供されたこともあったが、TB‐1はポリカルポフI‐5やツポレフI‐4の母機となったのである。また、さらに時代を先駆けた試験としては、無人のTB‐1を無線誘導する飛行試験が挙げられる。

用途を変えながらも永きに渡って使われ続けたこともさることながら、こういった様々な新技術を試す試験に用いられたこともTB‐1の実用性の高さを示すものであろう。

ツポレフＲ・６
Tupolev R-6

機能別に通し番号を割り振ったディジグネーションなので古い設計の偵察機だったのだが、爆撃機としては五〇〇キロの爆弾搭載量があり、輸送機、旅客機としては大変長い寿命があって、水上機型は軍用型、民間型双方で製作された。

しかしながら、偵察機ならば戦略偵察、強行偵察を目的とするなら敵状に関する情報を入手して持ち帰られるだけの速度性能または高々度性能を重視した優秀な飛行性能を持ち合わせていなければならず、地上軍との直接協力を意図した観測活動を行なうには前線の乱暴な運用条件にも応えられなければならないだろうし、近接支援のための軽爆撃能力も要求されるであろう。Ｒ‐６の場合、戦略偵察機としては飛行性能が優れているとはいえず、直接協力機に求められるすばしこさも欠けていた。

R‐6となるANT‐7の計画は一九二六年には開始されていたが、前作のTB‐1重爆撃機のスケール・ダウン型、双発低翼単葉固定脚のレイアウトも全金属製波状外板構造も引き継いでいた。操縦席や機首、胴体中上部の銃座も開放席のままだった。エンジンから外側がテーパーした主翼、エルロンが翼端から外に突き出た独特の平面形もTB‐1の大きさを縮めただけのような形態だった。

ANT‐7の試作初号機は一九二九年九月十一日に初飛行を行なった。TB‐3に主力重爆撃機の地位を追われながらも長い軍務や民間輸送機としての仕事を果たしたTB‐1を模範とした機体だっただけに、一九三〇年前後の双発大型機として画期的な高性能ではなかったが航空機としては無難なものになった。

飛行試験の結果、五〇機の発注が行なわれて、R‐6のディジグネーションが与えられた。その発注分は一九三一年までに納められ、長距離偵察機として分類された。

R‐6の発注と生産はその後も続いた。

R‐6の生産機の中にはTB‐1同様のZh型双フロートを備えたMR‐6洋上偵察機も含まれる。一九三〇年代前半というと双発の多座戦闘機の試作、開発が流行した時期でもあったが、爆弾を搭載せずに胴体下にダスト・ビン型の下方銃座を持った護衛型のKR‐6は一九三六年までに四〇六機も作られた。護衛型にも水上機タイプ

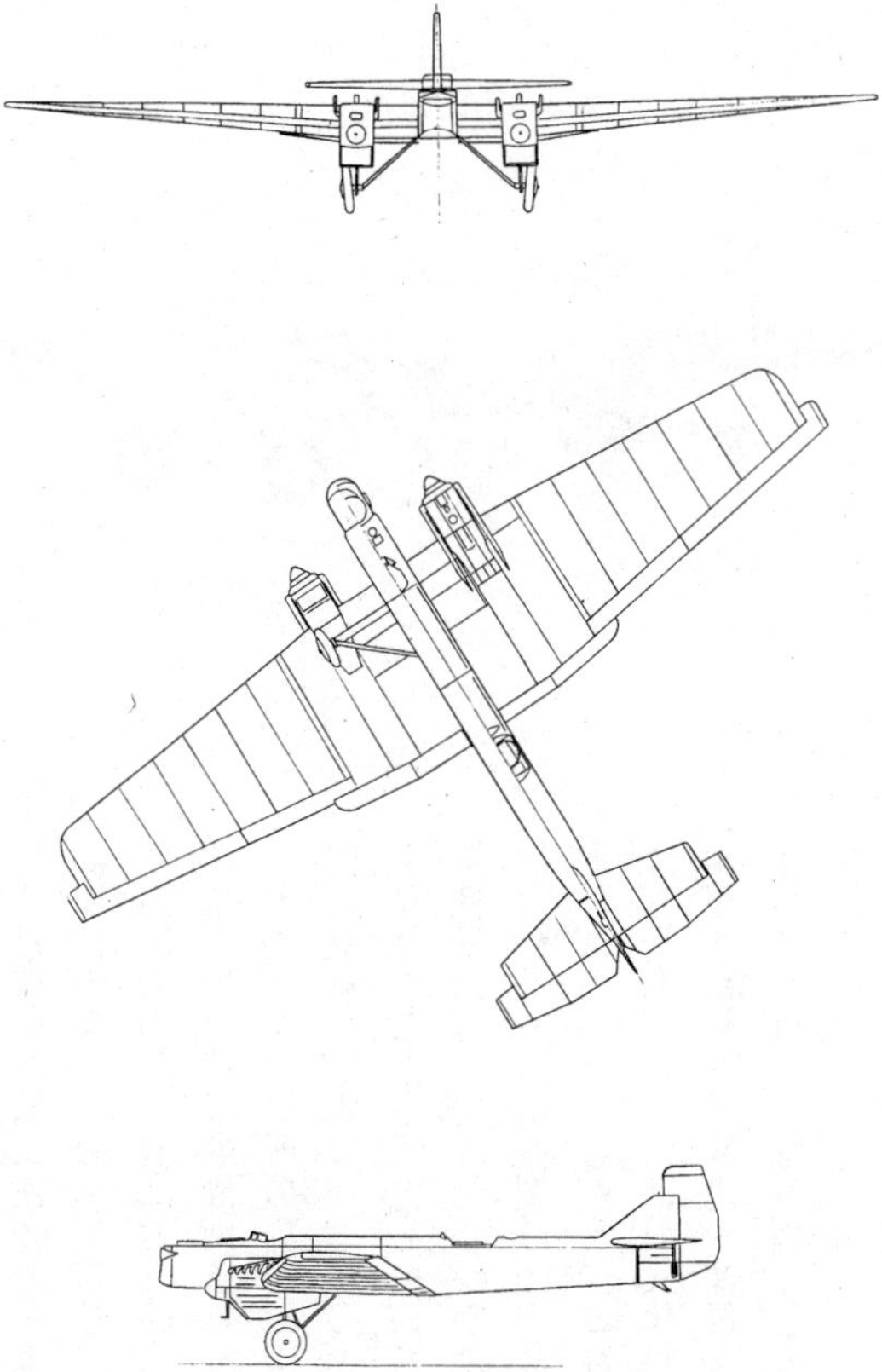

ツポレフR-6　エンジン：M-17(680hp)×2　全幅23.2m　全長15.06m　全高4.05m　全備重量6472kg　最大速度230km/h　上昇限度5620m　航続距離800km　武装：7.62mm機銃×4～6、爆弾500kg

のKR-6P型があった。
まだ開発段階にあった一九三〇年には通常のR-6のエンジンM-17をより高出力のM-34（七五〇馬力）とした地上攻撃機型も計画されていた。このタイプは四ヵ所の旋回銃座と四梃の固定機銃、爆弾は一〇〇〇～一五〇〇キロ積むことを予定していた。この攻撃機型は実用化されなかったものの、偵察機型や護衛機型は相当数作られ、軍務についた。しかし、これら実戦機型も一九三六年には旧式化が進んだとみなされ、軍用輸送や練習などの後方任務または民間輸送機としての任務に移っていった。
練習機としての任務は一九三八年～

三九年の間だったが、軍用輸送機（一九三九年二月現在で九六機残存）としては一九四四年まで使用され、物資輸送、グライダー曳航や開発当初の用途の索敵任務で飛行したこともあった。

相当数は民間機となり貨物や郵便物輸送のほか、密閉式コクピットと銃座をなくして気密性を高めたキャビンを有する旅客機となったこともあった。水上輸送型のMP-6の場合、自重が四四五七キロなのに対して荷重搭載時は六七五〇キロとなり、巡航速度は一七五キロ／時だった。

性能面で物足りなかったため大戦勃発三年前には実戦機としては旧式とみなされたR-6だが、大戦終盤まで現役輸送機として任務についていられたのは、本機の信頼性、実用性の高さによるものであろう。

ツポレフTB-3
Tupolev TB-3

旧ソ連の四発大型機開発の歴史は、ロシア革命前のシコルスキー・イリア・ムーロメッツにまで遡るが、革命後、中央空力研究所（TsAGI）は、ツポレフ技師の設計部による開発で一九二五年十一月に初飛行に成功したTB-1双発重爆撃機を大型四発機化して開発することとした。

ツポレフの設計部でANT-6と呼ばれた大型機はTB-1の開発によって確立された諸技術を活用し、ANT-6も波形外板の全金属製単葉機となり、主翼の翼型、固定脚、開放式の搭乗員座席というところも踏襲していた。しかし、四基のエンジンが設置される主翼は相当な厚味を持った大型化の翼となり、翼桁は五本あり、三区分に分けて製作する方式だった。

185　ツポレフTB－3

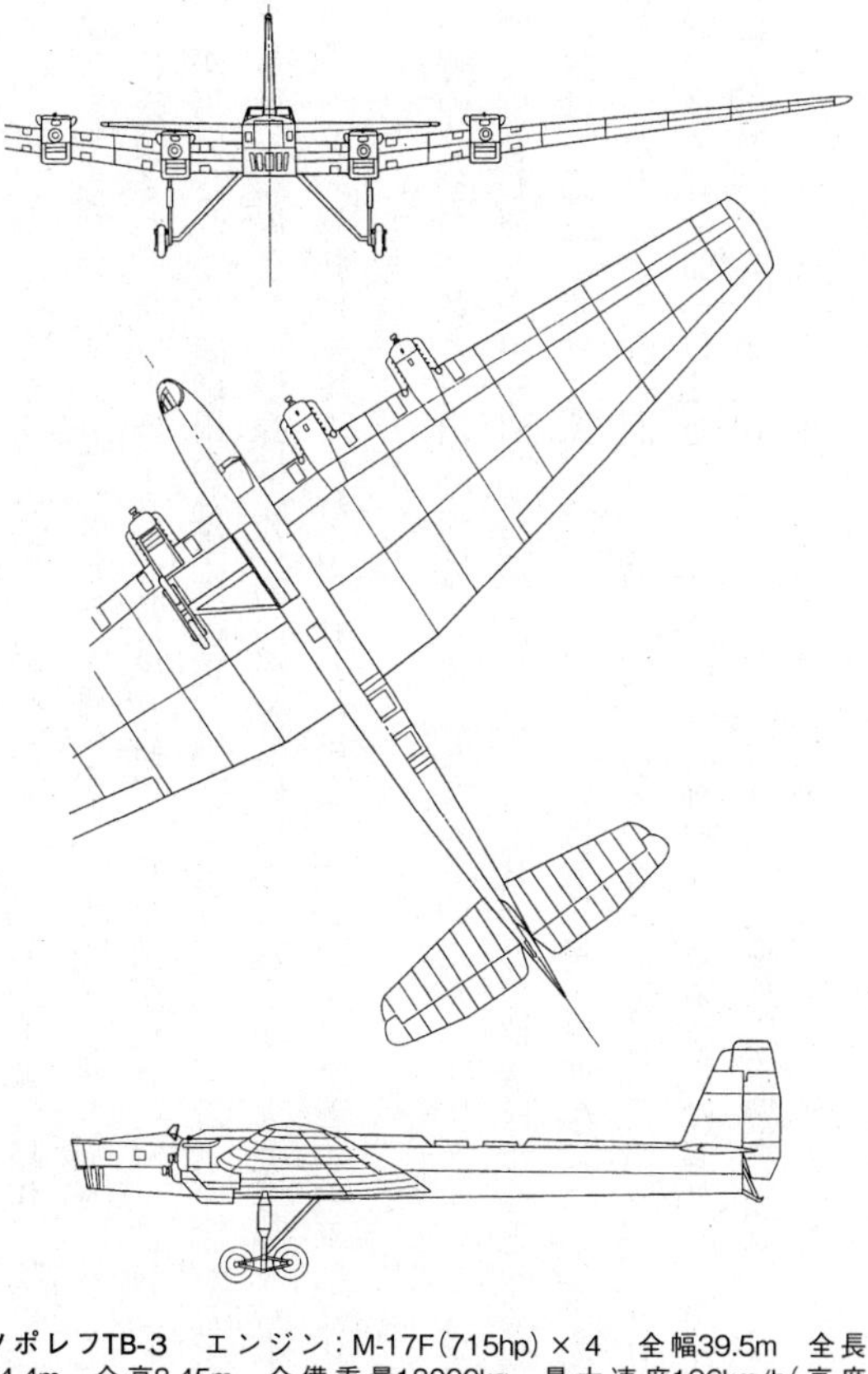

ツポレフTB-3　エンジン：M-17F(715hp)×4　全幅39.5m　全長24.4m　全高8.45m　全備重量18000kg　最大速度196km/h(高度3000m)　上昇限度3800m　航続距離1350km　武装：爆弾4000kgまで、7.62mm機銃×6～8

試作初号機は六〇〇馬力のカーチス・コンカラー四基を動力とし、一九三〇年十二月二十二日に初飛行を行なったが、右翼のエンジン二基が不調に陥り、墜落した。この機に続く試作機によって試験飛行が継続され、エンジンはBMW・6（七三〇馬力）に換装され、量産型のTB・3にはBMW・6を国産化したM・17F（七一五馬力）が用いられた。防御用の銃座は機首、胴体中上部に二席、計三座席が外気にさらされる形で設置され、爆弾は胴体内の爆弾倉に納められるか、大型爆弾なら胴体下部、オプションの爆弾は主翼下に懸吊された。両翼のエンジン・ナセルの下部に銃座が設けられたこともあった。

当時のソ連の情勢は自由圏に伝わりにくくなっていたが、メーデーの日にモスクワ上空で行なわれる空中分列式典の際に飛行するTB・3の機数は年を追って増加した。その数は一九三二年は九機だったのが、三三年は五〇機、三四年には二五〇機以上に達していたと伝えられるが、一九四一年十二月の真珠湾奇襲攻撃当時、アメリカには国内のB・17全部合わせてもハワイ諸島の沿海哨戒に必要な数に満たなかったのに対して、一九三〇年代前半にソ連では一〇〇機単位の大型重爆撃機を保有していたのである。

慢性的な財政難に悩む自由圏の国々と異なり、計画経済下では平時でも軍事費用が

187　ツポレフTB－3

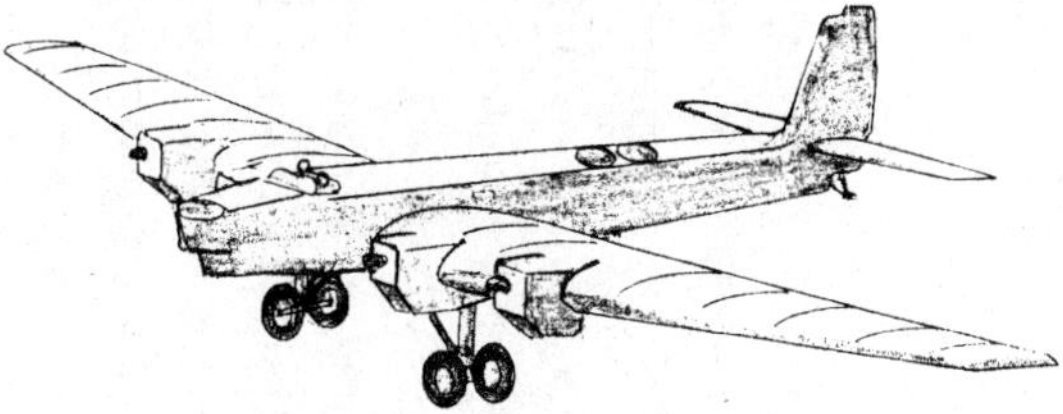

潤沢にだったといってしまえばそれまでだが、TB－3の開発、生産はこの後もさらに続けられた。エンジンをパワー・アップした減速装置付きのM－34Rに換装されたタイプの生産が一九三四年から、減速装置、過給機付きのM－34RN（九七〇馬力）の換装型もこれに続いて生産された。一〇〇〇馬力クラスのエンジンになったことにより、標準爆弾搭載量は二〇〇〇キロとなり、近距離攻撃時の最大搭載なら五八〇〇キロまでの爆弾が積めた。また、尾部にも銃座が追加された。一九三五年に現われたM－34FRN搭載型に至り、機首の銃座兼爆撃手席は空力的に洗練された形状に改められ、胴体中上

部、尾部の銃座もキャノピーに覆われた。

ＴＢ‐３は第二次世界大戦が始まった頃には性能的に旧式化していたが、大きな搭載能力を活かし空挺隊員を搭乗させ、一九三九年冬からのフィンランドとの冬戦争には輸送機としても出撃した。輸送用途専用に改設計されたＧ‐１が活躍していたが、旧式化したＴＢ‐３爆撃機も独ソ戦開戦後も軍用輸送機として使われ続けた。

ＴＢ‐３の中でも最もエポック・メイキングな存在だったのは「寄生急降下爆撃機」の母機となったタイプであろう。「ヴァクミストロフの親子機」計画ではＴＢ‐１に続いてＴＢ‐３を寄生戦闘機の母機として実験を続けたが、開戦後は戦闘爆撃機の母機となった。過荷重の爆弾を搭載したポリカルポフＩ‐16を両翼の下に吊り下げて出撃して目標近傍の上空まで連結したまま飛行し、Ｉ‐16を空中発進させて交通の要衝などへの精密爆撃を行なう作戦だった。東欧の枢軸国空軍の防空能力がそれほど強力でもなかった頃、この作戦はルーマニアのブカレストで実際に行なわれたという。

ツポレフMTB・1
Tupolev MTB-1

長距離洋上哨戒飛行艇をめざしたチェトベリコフ設計室によるMDR－3四発飛行艇は要求性能に達することができず、失敗作となってしまった。四発とはいっても両翼の付け根近くの上部に前向き（牽引式）後ろ向き（推進式）のエンジンを一組ずつ支持する串型四発機で、フランスのファルマン222系列と同じやり方だった。しかし、この方法はプロペラの推進力を活かす上で難点があったようで、一般的には広まらず、MDR－3ではエンジン出力が小さかったこともあり、能力不足の課題は解決できなかった。

この後を受けて一九三二年からツポレフ設計室がほぼ同じ用途のMDR－4飛行艇の試作型であるANT－27の開発を担当することになったのだが、エンジンにはより大きな出力のM‐34RN（八〇〇～九三五馬力）が採用された。エンジンは三基となり一基減ったが、左右の二基は牽引式、中央の一基は推進式となり、環状冷却方式を採用していた。主翼の翼幅は七・二メートル延長、翼面積は約二五メートル増大と、四発機だったMDR‐3よりもむしろ大きくなった。

MDR‐3で双尾翼だった垂直尾翼は高くて面積の大きな単尾翼となり、主翼も平面形が長方形の内翼は波形のジュラルミン翼、テーパーした外翼は鋼管羽布張りとなった。左右のエンジンは内翼と外翼の接合部の上に支持され、ちょうどその翼下には補助フロートが懸吊された。艇体は角張った上下に深い形状だったが、艇体左右は波型の外板に覆われた。水平尾翼は三基のエンジンの推力線にあったのでかなり高いところにあるといえるが、これにともない尾部銃座も艇体背部よりもずっと高いところに配置された。試作型の防御武装は艇体上部と尾部には連装機銃、機首に単装機銃が置かれた。重量はMDR‐3よりもエンジンがひとつ少なくなったのにもかかわらず、乾燥重量で一六〇〇キロ重い一万五〇〇〇キロとなった。

重量超過は軍用機にとっては避けるべきことだが、ANT‐27の実戦化型のMDR‐4、それにMTB‐1は大戦争の嵐が近づく一九三〇年代後半の配備をめざしていたことが実戦機としての途を開いた。試作初号機のANT‐27は一九三四年三月に完

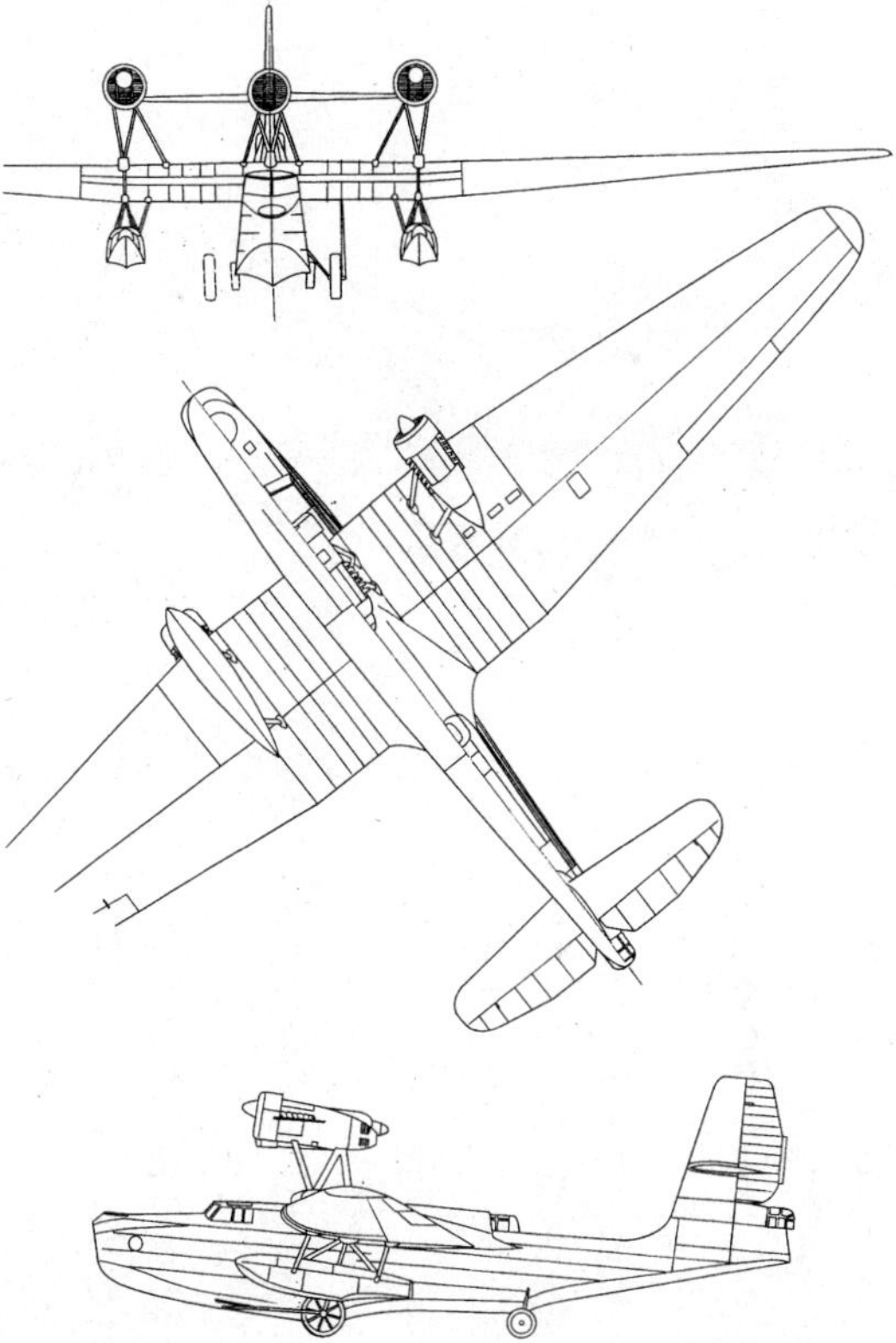

ツポレフMTB-1　エンジン：M-34R(700～830hp)×3　全幅39.4m　全長21.9m　最大重量16250kg　最大速度232km/h　実用上昇限度5450m　航続距離2215km　武装：爆弾2000kg、20mm機関砲×1、7.62mm機銃×3

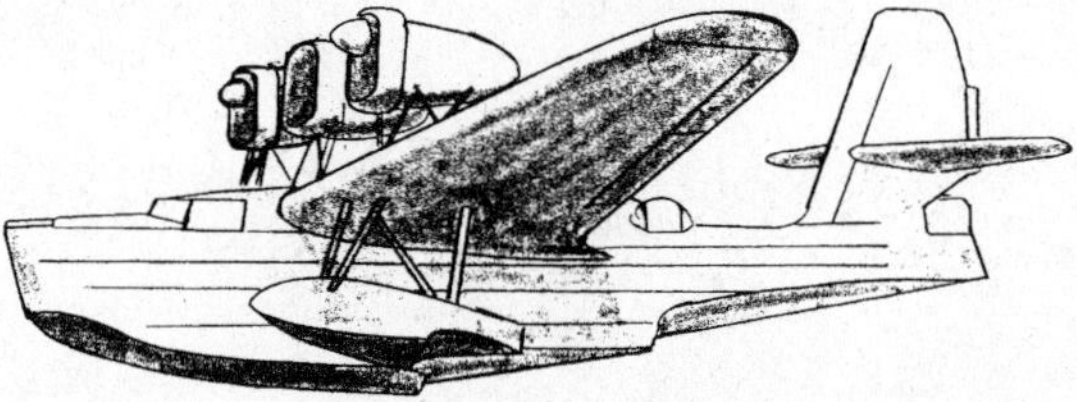

成しすぐにテストに入ったが、翌月には離水時に中央エンジンが破壊する事故に見舞われ、搭乗していた飛行艇技術者のポゴスキーとテスト・パイロットのイヴァノフが事故死した。

試作二号機であるANT-27bisはこの事故から半年後に出来上がったが、こちらは二〇〇キロまでの航空魚雷か爆弾を搭載する雷撃爆撃飛行艇MTB-1の原型となった。基本的にはMDR-4とほぼ同じだったが、燃料容量が増して航続距離が伸びていた。この種の大型洋上哨戒爆撃飛行艇の部隊配備が急がれていたため、テストが進むなか一五機の量産が決まった。

ANT - 27bisも試験飛行中に鋼管骨組み羽布張りの外翼部が破壊する事故を起こして失われたが、量産型は一九三六年に五機、翌年に一〇機が納入された。量産型ではエンジンはM - 34Rとされた。

試作機は相次ぐ事故で失われ、量産型の性能も最大速度二三二キロ／時（海面上）、実用上昇限度五四五〇メートルと第二次大戦に登場した大型洋上水上機としてはお寒い限りのものだった。だが、ほかに代わりになる国産機の実用化が困難だったこともあり、MTB - 1、MDR - 4はソ連海軍にとっては意外と重宝な存在になり、一九四二年まで哨戒雷撃爆撃飛行艇としての任務につき、艇体上部の銃座は機関砲に換装された。

ツポレフANT・25（DB・1）
Tupolev ANT-25

第一次、第二次大戦間は大西洋、太平洋の横断飛行航路が開拓されるなど、大飛行の時代でもあった。こういった長距離飛行に用いられた機体にはリンドバーグが搭乗したライアンNYP・2改造のスピリット・オブ・セントルイス号やパングボーンとハーンドンが乗ったベランカ・スカイロケット改造のミス・ビードル号のように機体内に荷重能力め一杯の燃料を積めるように改造した改造型や、機体そのものが長距離飛行に適したアスペクト比が大きなタイプがあった。

アスペクト比とは主翼の翼幅と主翼の前後の翼弦の長さとの比のことで、この比が大きいほど長距離飛行に適した機体となる。日本唯一の長距離飛行記録を樹立した東大・航研機などはこの種に類別されるが、長距離性能の向上のみを狙った「ミュータ

195　ツポレフANT - 25 (DB - 1)

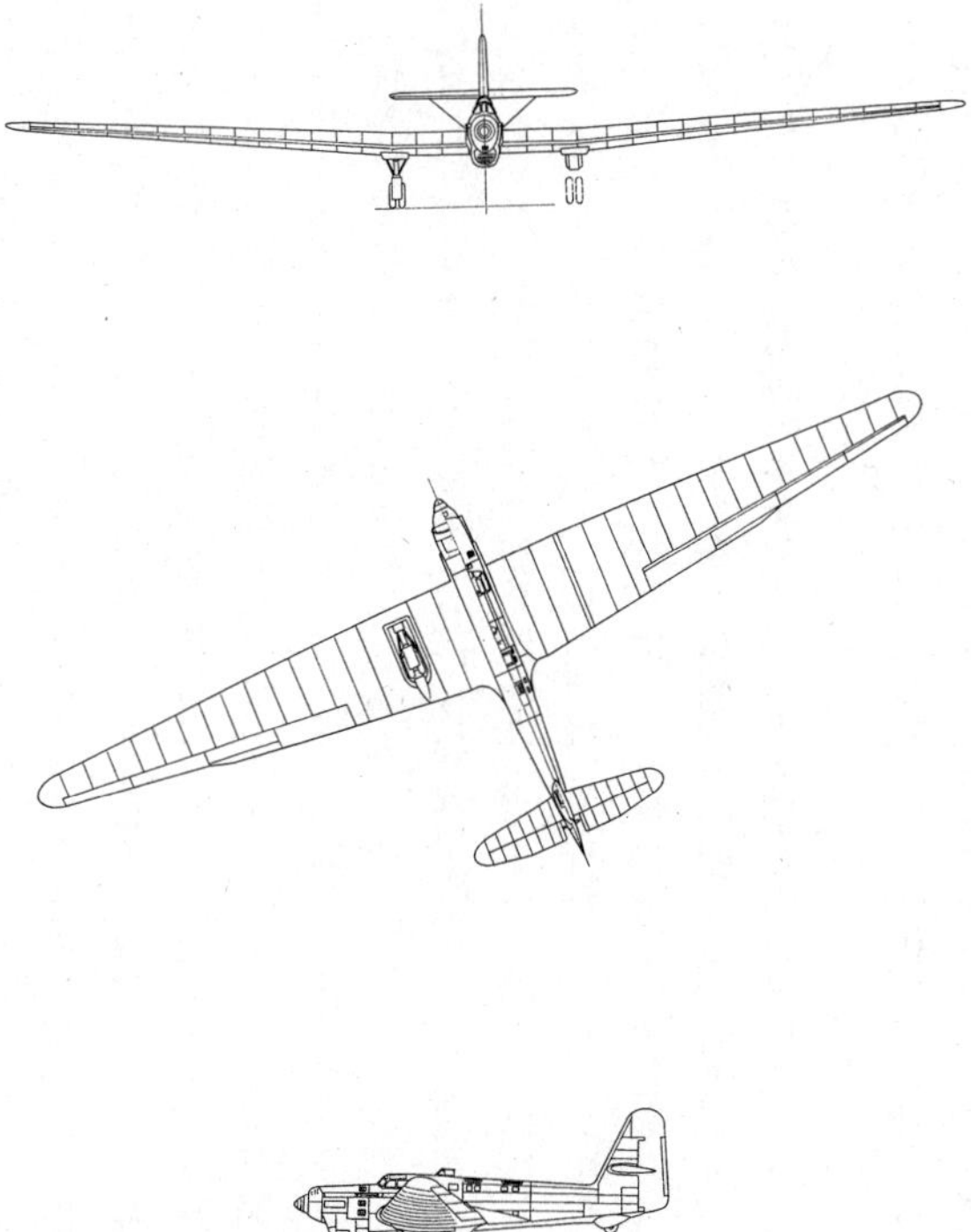

ツポレフANT-25(DB-1)　エンジン：M-34R(950hp)×1　全幅34.0m
全長13.0m　全備重量11500kg　最大速度246km/h　上昇限度3000m
航続距離13000km

ント」のような航空機といえよう。

しかしながら、このミュータント・グループのうちの何機かは実用機になったものもあった。英空軍のビッカース・ウェルズレイは大きなアスペクト比の主翼の長距離機だったが、開発の当初から長距離爆撃機としての用途が前提とされており、大戦勃発後は北アフリカ戦線で実戦参加した。ウェルズレイの長距離飛行能力はエジプトのイスマイリアからインド洋を横断してオーストラリアのダーウィンまで（一万一五二四キロ）無着陸で飛べるほどだった。

これに対して、ツポレフANT-25は特殊長距離機として開発された筋金入りのミュータント系長距離機だった。開発は一九三二年から始められ、M-34エンジン装備の一号機は一九三三年六月二十二日に初飛行を行なったが、長距離飛行に適した減速M-34Rエンジンを装備した二号機は三ヵ月後に初飛行を行なった。この機はそれまでのゴツさが印象的なツポレフ機とは異なり、張り線なども目立たない、主脚を半引き込み式にした片持ち式の単葉機で、三人の搭乗員は密閉式のコクピットに収まった。

ANT-25による長距離飛行は一九三七年から本格化し、六月十八日にはチカロフらの操縦によりモスクワを発って北極点、アラスカ経由でバンクーバーまでの九六五

197　ツポレフ ANT - 25（DB - 1）

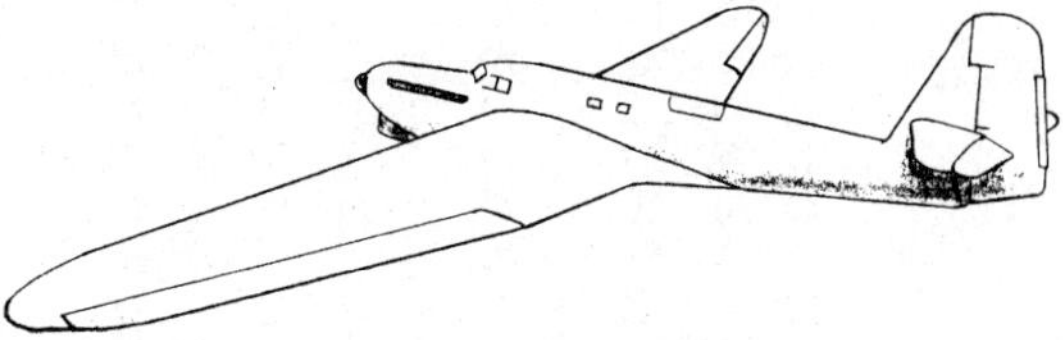

〇キロを飛行した。さらにその一ヵ月後の七月十三日にはグロモフらの操縦によりモスクワから同じ航路でアメリカとメキシコの国境近くのサンシャシントまでの一万一四八キロを飛行した。直線航続距離として記録的な飛行だったが、ソ連がＦＡＩ（国際航空連盟）に参加していなかったため、公認記録とはならなかった。

　このような長距離飛行に先立って、ソ連空軍はＡＮＴ - 25の長距離爆撃機化を望み、五〇機の量産を命じている。ＡＮＴ - 25の長距離爆撃機型はＤＢ（長距離爆撃機を示す記号）、またはＤＢ - 1と呼ばれ、胴体内に一〇〇キロ爆弾を四発積み、後方射撃用の七・六二ミリ機銃を一梃備えた。

しかしながら、長距離爆撃機型の納入は一九三六年春に二〇機が納入されたところまでで、残りの注文分はキャンセルにされた。実際に爆撃機として使うには攻撃能力も防御力も低いうえ、速度が遅すぎ、上昇性能も乏しかったからとされている。ソ連空軍としては長距離爆撃か爆撃機の搭乗員訓練に使う意図だったようだが、ビッカース・ウェルズレイのように開発の当初から軍用機（偵察爆撃機）としての使用意図がなかったためか、軍用機としては航続性能を除いて性能的に大変厳しいものがあった。

量産された二〇機やその以前の試作機は、独ソ戦開戦により戦争が激化するまで、ユンカース・ユモ４エンジンなどのテスト・ベッドとなったり、ＲＤＤの名称で長距離飛行実験などに供された。

ツポレフSB
Tupolev SB

ポリカルポフI‐15系、I‐16などと同様、中国空軍機として日中戦争時に日本軍機と戦い、また、ノモンハン事件ではソ連空軍の高速爆撃機として日本陸軍を悩ませ、日本でも「エスベー」の呼び名で知られていた双発爆撃機である。

スペイン戦争においても政府側の空軍機としてフランコ側革命軍に対する爆撃を行ない、「我に追いつく敵機なし」を地で行く戦い方で、その高速性能を誇示したと言われている。しかし、このような一九三〇年代後半のSBの活躍が当時のソ連における過大評価にも結びついたとも見られている。

一九三〇年代のソ連空軍では「SB」は高速爆撃機を意味していたが、元は双発戦闘機MI‐3としてツポレフの設計室で開発が始まった。この試作戦闘機のテストは一九三三年から始められたが、ツポレフに要求されたのは高速爆撃機の開発だった。そのため、A・N・ツポレフは一九三四年二月からMI‐3の設計経験を活かした試作機ANT‐40の開発に着手。ツポレフが指揮していたTsAGI（中央流体力学研究所）では高速飛行に適した機体の研究が行なわれたが、設計指導者となったのはA・A・アルハンゲリスキーで後に設計室を独立させて、SBの高速化、近代化を一段と進めたAr‐2（別項）を開発することになる。

TsAGIでの風洞実験の結果、MI‐3ゆずりの細い胴体に中翼の主翼を配する三座機となり、やはり主翼の翼型もMI‐3の主翼を踏襲したため大きな翼面積の主翼となった。そのため、翼面荷重は九〇キロ／平方メートルクラスになり高速をめざす機体としては低い値となったが、これにより後にSBに優れた運動性能が与えられている。

搭乗員数は三人で、パイロットのほかは機首に爆撃手、ナビゲーター、前方射手を兼務する一人とコクピット後ろに後上方射手、後下方射手、通信士を兼務する一人が乗った。中翼の主翼の桁が胴体中央を貫通するため、二五〇キロ、五〇〇キロ爆弾なら爆弾倉内に水平に積めば済んだが、一〇〇キロ爆弾のときは六発は垂直に、二発は水平に積むという変則的な搭載方法が行なわれた、搭乗員の機上作業の面でも攻撃用

201　ツポレフ SB

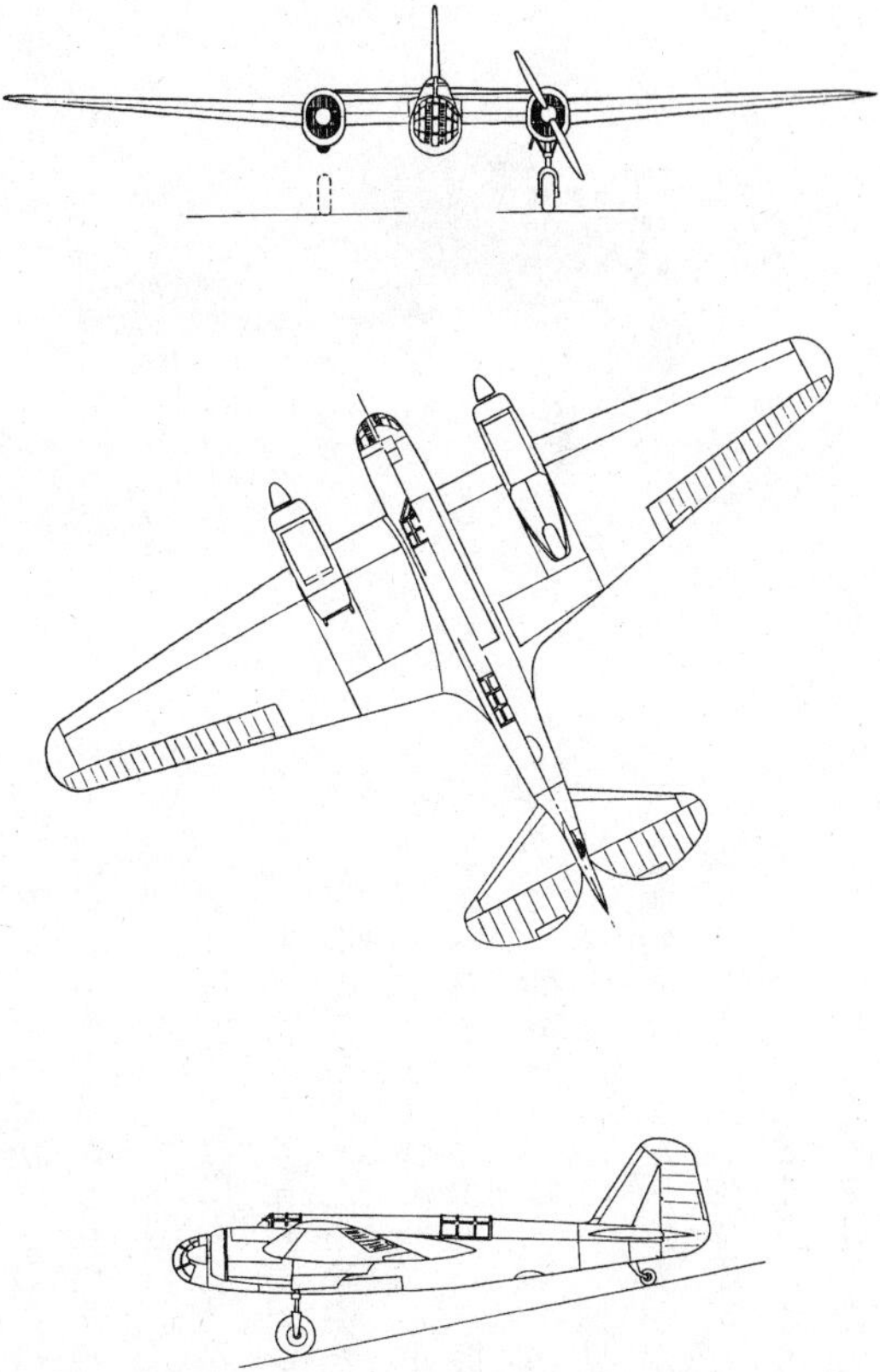

ツポレフSB-2M-100A　エンジン：M-100A(860hp)×2　全幅20.33m　全長12.27m　全高3.25m　全備重量6420kg　最大速度423km/h　上昇限度9560m　航続距離2150km　武装：爆弾600kg、7.62mm機銃×4

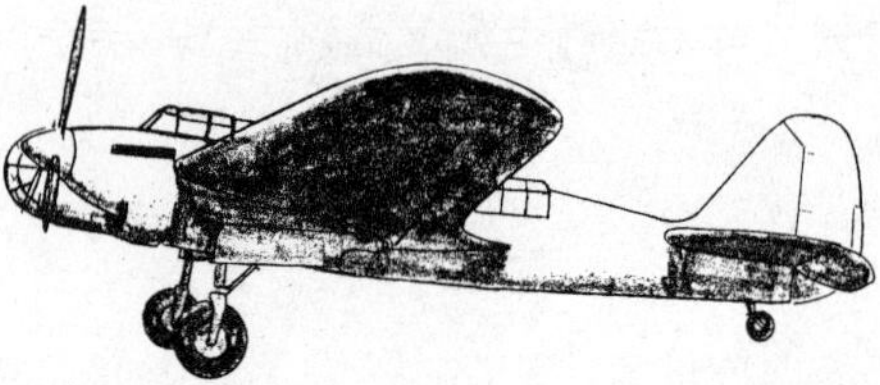

装備の面でも余裕が感じられないコンパクトさだったが、SBについてはこのコンパクトさが優れた飛行性能の基礎となった。

試作機としてはアメリカ製のライト・サイクロン空冷星型エンジン（七三〇馬力）を備えた一号機とイスパノスイザ12Ybrs（七六〇馬力）液冷エンジンを動力とする二号機が作られたが、液冷エンジンとはいえ環状にラジエターを備えたので、外見上はあまり変わらなかった。にもかかわらず、二号機飛行テストで高い性能を示した二号機がSBと称されるようになり、イスパノスイザ12Yを国産化したM-100が動力の生産型の準備が一九三四年には始められた。

同時代の爆撃機、米陸軍のマーチンB‐10と比較されることが多いが、テーブル・データ上はSBの方が速度性能、上昇性能で大幅に凌駕し、一九三〇年代半ば、まだ各国が複葉戦闘機を主力機としていた頃にSBが四〇〇キロ／時以上で飛び回っていた。SBはチェコスロバキアのアヴィア社でB‐71の名で量産され、外国でライセンス生産された最初のソ連の軍用機となった。

スペイン戦争や局地紛争の戦訓により、第二次大戦勃発の頃には一〇〇〇馬力級のM‐103、M‐105に代わり、より空気抵抗が少ないエンジン形態になったが、防御武装は射界を広げるために空気抵抗の大きな銃座になっていた。初期の実戦経験の場では複葉戦闘機や発展途上にある単葉機相手に、恵まれた速度性能で我が物顔で爆撃行ができたが、第二次大戦勃発の頃は各国の戦闘機、爆撃機は近代化され、SBは急速に旧式化していった。ソ連空軍もSBを過信し、独ソ戦緒戦での惨敗に至るが、まさに「軍用機の進歩は日進月歩」を体現したのがSBだった。しかし、I‐16とともに当時のソ連の航空技術を示した軍用機として名を残すことは間違いないだろう。

アルハンゲリスキーAr・2
Arkhangel'sky Ar-2

アルハンゲリスキー技師が設計、開発を指揮したSBは一九三〇年代半ばにおいては画期的な高速爆撃機だったが、スペイン戦争などでその実力が明らかになると各国の第一線軍用機開発は活況を呈した。SBもより高出力のエンジンに換装したり爆弾搭載量増加や武装強化を行なうなどの近代化改修に努めたが、アルハンゲリスキー技師はさらに抜本的な近代化を行なった。

もともとSB自体が試作戦闘機の開発経験が反映された高速爆撃機で、実戦機となってからもPS・40、PS・41といった輸送機型やUSBという練習機型が作られており、改造の可能性がない訳ではなかった。主翼の翼面積を狭め、エンジンもパワーアップさせて速度性能向上と武装強化を図った発展型であるMMN・2M・105も

205　アルハンゲリスキー Ar－2

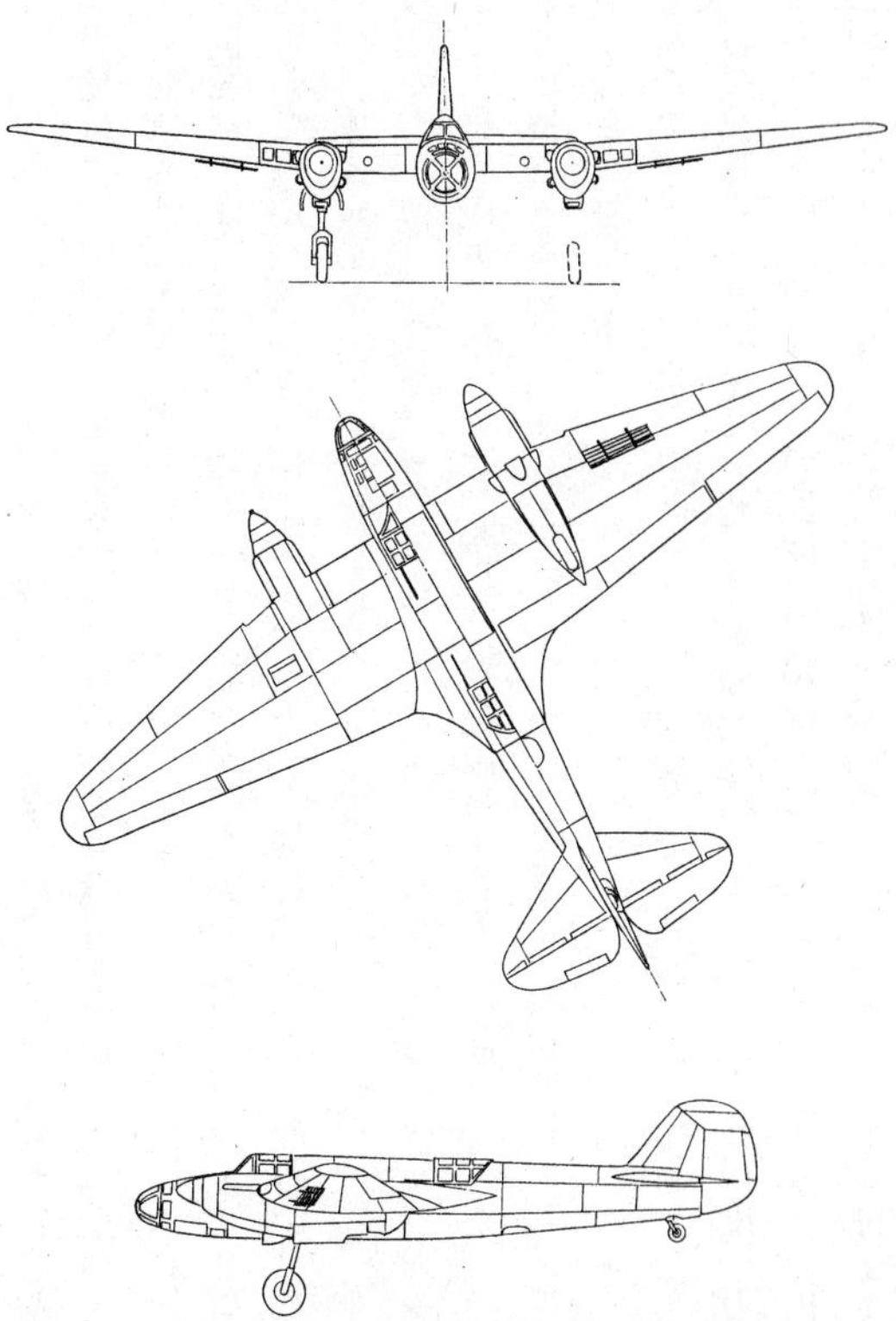

アルハンゲリスキーAr-2　エンジン：M-105R（1100hp）×２　全幅18.0m　全長12.78m　全備重量8150kg（軽量化型は6500kg）　最大速度475km/h（軽量化型は512km/h）　上昇限度10100m（軽量化型は10500m）　航続距離1500km　武装：爆弾各種で1500kgまで、20mm機関砲×２、7.62mm機銃×１

一九三九年に試作されていた。

しかし、アルハンゲリスキー技師の新たな設計室で開発されたSBを基とする新型爆撃機は再び戦闘機の追撃を振り切れる高速度飛行を可能とし、かつ、急降下爆撃能力の付加もめざしていた。

開発は一九三九年から始められていたが、主翼の翼型はMMN・2M・105のものを踏襲していた。機体は全体的にかなりの空力的に洗練され、機首の形状は流線形に近い、日本海軍の銀河がこれに似たガラス張りのスタイルになった。垂直尾翼も低くなったが、M・105R（一一〇〇馬力）エンジンのラジエターはエンジン下部のアゴ型から主翼の前縁に移すなど、空気抵抗を減らす努力が徹底していた。急降下爆撃機としての機能も求めたので、エンジンナセル外側の主翼下面にはスノコ型のエア・ブレーキが設けられた。

新たなディジグネーション・AR・2として一九四〇年に現われたこの新型機の性能は最高速度四八〇キロ／時（高度四七〇〇メートル）、上昇限度一万一〇〇メートルというものだった。この性能は爆撃機としては早い方だったが、傑出した高速度とはいえるものではなく、当時の在来の戦闘機（ドイツ空軍のBf109Eでも五五〇キロ／時クラスだった）でも捕捉可能な速度性能だった。

207　アルハンゲリスキー Ar - 2

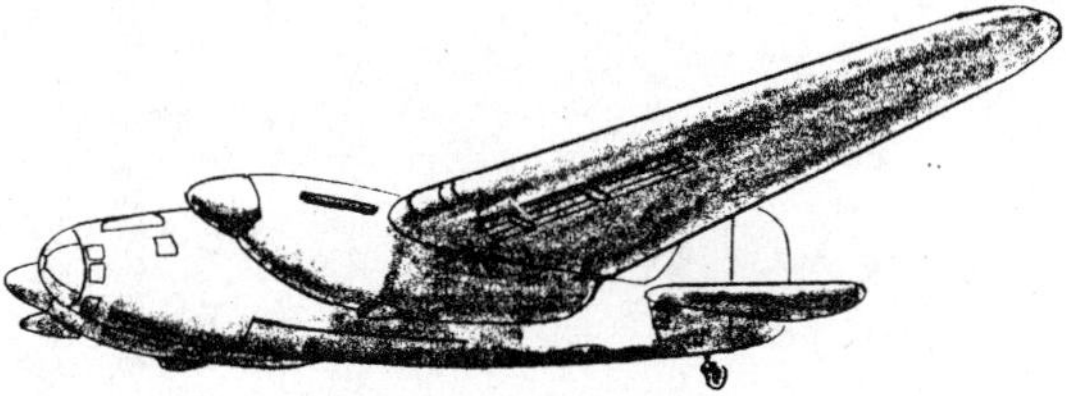

　さらに重量軽減に努めて一九四一年には五一二キロ／時と速度性能を高めたが、高性能エンジンが次々に現われたことにより戦闘機の速度性能はこれを上回るペースで向上し、すでに六〇〇キロ／時超の戦闘機はザラに存在していたため、アルハンゲリスキーの「『我に追いつく敵機なし』の夢よもう一度」はかなわなかった。
　それでも急降下爆撃能力を有していたことが幸いし、実戦機として採用されて一九四〇年九月から生産に入り、独ソ戦開戦後のドイツ軍の進撃によりＧＡＺでの生産ができなくなる一九四一年十月までに二〇〇機が生産された。

かつての名機ＳＢの戦闘能力ではドイツ空軍との戦いに対応できない事態になっていたため、ソ連空軍最高の戦術爆撃機と評価されるペトリヤコフＰｅ‐２の数が揃うまでは、いささか数が少なかったがＡＲ‐２が枢軸国相手にソ連空軍の急降下爆撃機として働かなければならなかった。

ＡＲ‐２の攻撃用武器の装備能力はＳＢの開発最終段階のタイプとほぼ同等で、胴体内に各種六〇〇キロまでの爆弾を搭載し、主翼下に一〇〇〇キロまでの爆弾等を積んだ（内外合わせて一・五トンまで）。実戦においては煙幕を展張するための化学剤散布装置ＶＡＰを懸吊することもあったようである。なお、三七〇リットル入りの増槽を懸吊することも可能だった。

ツポレフPS-35
Tupolev PS-35

ダグラスC-47をライセンス生産したリスノフLi-2輸送機がメジャーな存在だったためその陰に隠れがちだが、ツポレフ設計室によって開発された国産輸送機として、戦前から独ソ戦の頃までアエロフロートの旅客機PS-35は活躍していた。国際線のエアライナーとしてモスクワ、リガ、ストックホルム、オデッサ、レニングラードなどを結ぶ路線を飛んだ。

だが、そのスマートな外形とは裏腹に、輸送機に求められる本質的な能力の面においてはLi-2に何歩も後れを取っていたためか、旅客機としても徴用軍用輸送機としても大きな実績を残すことは難しかった。

ツポレフ設計室においてPS-35の設計主任を務めたのは、高速爆撃機SBを発展させた急降下爆撃機AR‐2の開発に際して設計室を独立させたアルハンゲリスキー技師で、試作機の開発はANT‐35の名称で一九三五年に行なわれた。エンジンはフランス製のノームローンGR14Kで、機体構造は全金属製。主翼の平面形はSB（ANT‐40）の相似形ともいえる形状だったが、主車輪を除けば翼構造も含めてまったく別物だった。似ている主翼は、より軽量のKOSOSと呼ばれる構造だった。試作機は一九三六年のパリ航空サロンに出展され、本機の近代的な形状は参加者から関心を集めたと言われている。

二番目の試作機であるANT‐35bisは胴体がより長くなり、断面も高さ一・八三メートルと縦長になった。試作機は飛行テストにおいて特に優れた速度性能を示し、テストの結果を受けて、一九三七年から生産に入った。生産型のPS‐35は直ちにアエロフロートの路線に投入され、まだライセンス生産が行なわれる前のダグラスDC‐3（C‐47の民間型）輸入機とともに民間輸送機として活躍した。

なお、一九三七年に生産されたPS‐35の九機はGR14Kエンジンのライセンス生産型のM‐85を動力とし、一九三九年に生産された一一機はサイクロン・エンジンのライセンス版のM‐62Rを動力とした。また、これらの胴体は四五センチ延長され、燃料容量が九九〇リットル増量された。

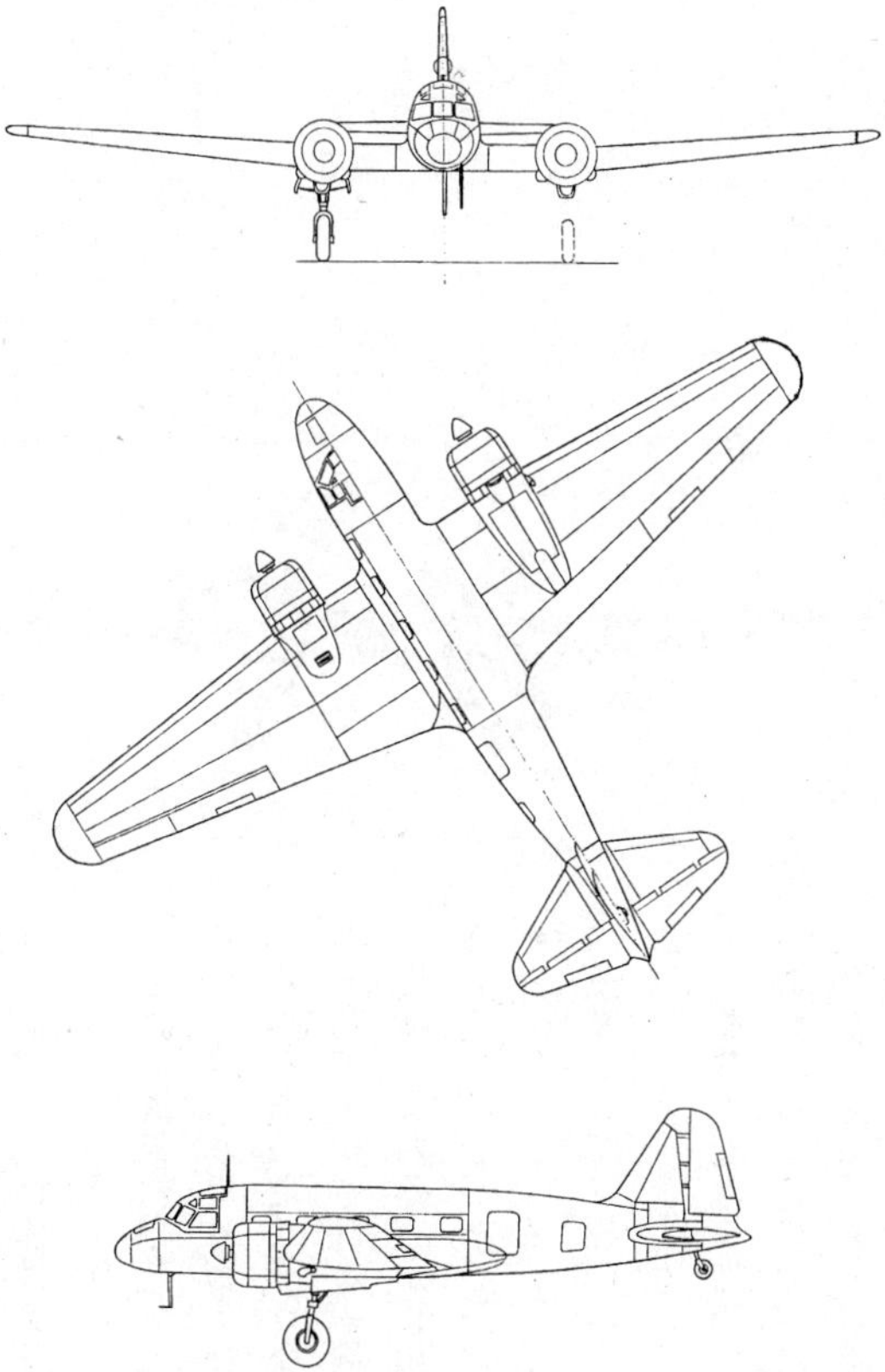

ツポレフPS-35　エンジン：M-62IR(800hp)×2　全幅20.8m　全長15.4m　全備重量7000kg　最大速度372km/h　上昇限度7200m　航続距離1640km

しかしながらＰＳ-35とＤＣ-３では、速度性能はＰＳ-35が五〇キロ／時以上も優れていたが、座席数（搭載能力）や航続性能はＤＣ-３にかなり劣るなど性能上の長短があった。そうなると輸送機として重視される搭載能力や航続性能に優れる方が重用されるのが必定で、ＤＣ-３系の輸送機がリスノフＬｉ-２としてライセンス生産されてソ連のユーザーも潤沢に入手できるようになるにつれて、ＰＳ-35は主力輸送機の座から追われるようになった。

ＰＳ-35系は戦争の激化にともなって空軍に徴用されたが、Ｌｉ

‐2の脇役にとどまったのは、八四〇キロという積載容量の少なさゆえのことだった。

この程度の搭載能力では、前線で求められる軍需物資の空輸需要にはとても応えられるものではなかった。PS‐35には大型貨物の積み下ろしに適した扉がなかったことも軍用輸送機としての使い方のネックとなり、主車輪をスキーに代えて冬場の前線への物資輸送に使われることもなかったようである。

外形的にはあか抜けたスマートな輸送機だったが、PS‐35の場合はこのスマートさが災いし、とくに軍用輸送機としては徴用されても後方での限定的な空輸任務での使用に留まったようである。

ツポレフTu‐2
Tupolev Tu-2

航空機については開発経緯や実績などによって様々な印象を抱かれるものだが、ツポレフTu‐2にも「高性能万能攻撃機」「戦後東側攻撃機の初期タイプ」といったイメージがつきまとうが、もうひとつ忘れられないのが「獄中で設計された攻撃機」という事実であろう。

一九三〇年代の半ば以降、当時のソ連の航空技術者の多くはスターリンの恐怖政治により有らぬ疑いによる投獄の憂き日に遭ったが、TB‐3、SB開発といった航空機の開発に功績があったA・N・ツポレフもこの不条理から逃れることができなかった。一説には、航空技術者の投獄は開発作業の効率化のためとするものもあるが、獄中が航空機開発に適しているということは断じてなく、また、ツポレフの拘留期間の

215　ツポレフ Tu - 2

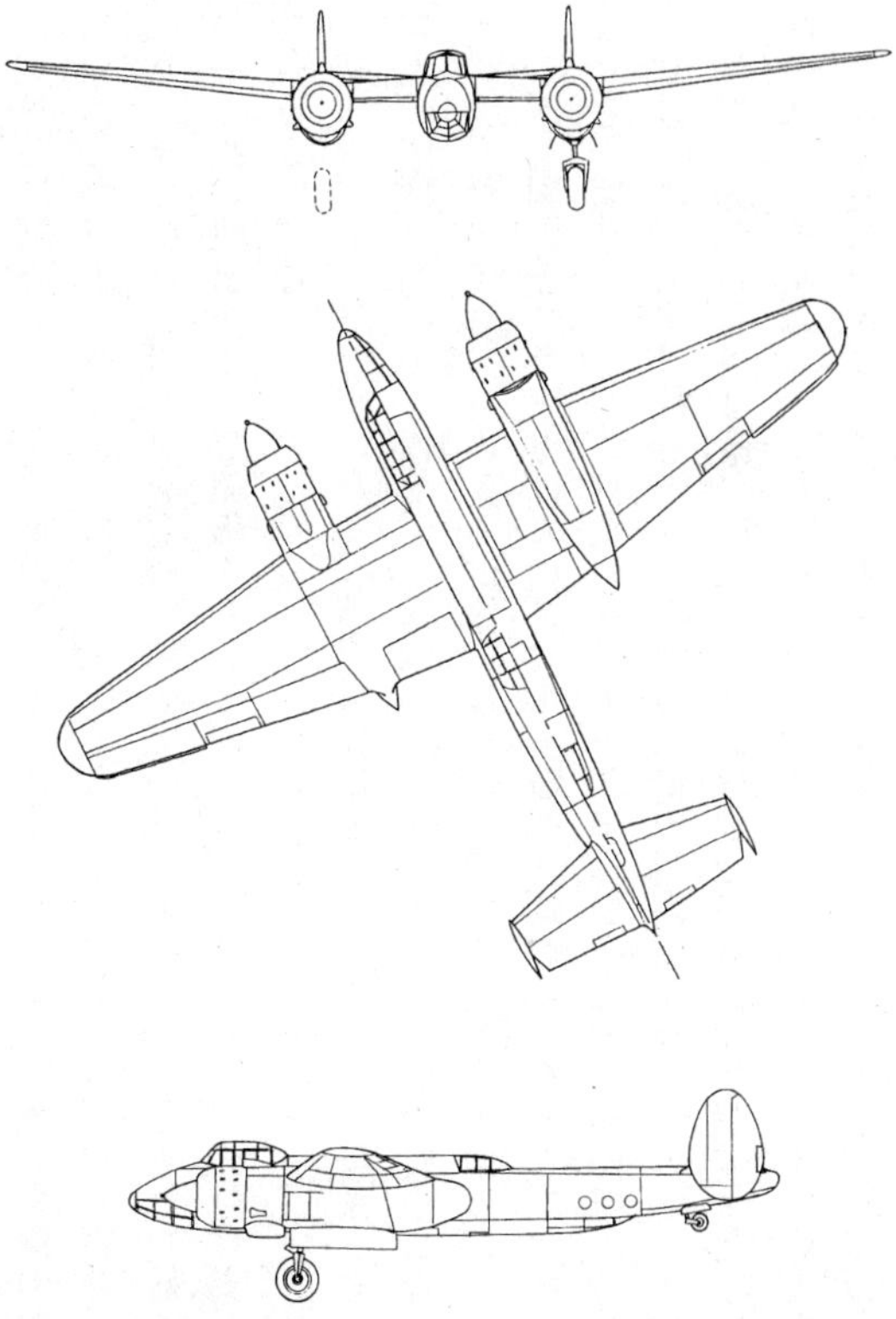

ツポレフTu-2S　エンジン：シュベツォフ ASh-82FN（1850hp）× 2
全幅18.86m　全長13.8m　全高4.55m　全備重量11400kg　最大速度550km/h　実用上昇限度9500m　航続距離2500km（爆弾2500kg搭載）
武装：爆弾3000kg（過荷重4000kg）、20mm機関砲× 2、12.7mm機銃× 3

長さが後のTu-2の実戦化が遅れた時間となった。

ツポレフは獄中でドイツ空軍のユンカースJu88爆撃機を凌ぐ高速爆撃機の設計を命じられたが、Ju88について多くを伝えられず、困難な状態が続いた。それでも一九三八年までにはツポレフを含めて獄中での航空機開発を命じられた航空技術者らは開発のための設計チームを組織することができ、高速爆撃機の設計作業を進めることができるようになった。

当初、ANT-58と呼ばれた高速爆撃機は能力的にJu88の凌駕をめざしたためスノコ型の速度ブレーキも備え、一九四一年初頭にようやく初飛行を行なった。このANT-58が後のTu-2に至る源流ではあったが、まだ胴体下面の銃座を備える段差がなく、英国のモスキートばりのスマートな機体だった。もっともサイズはモスキートよりも一回り大きく、改良型のANT-59には量産型の外形的特徴となる腹部の銃座が設けられ、搭乗員数もモスキートの二倍の四人となった。

ANT-59の優秀さは直ちに認められて量産化が望まれたが、今度はエンジンの信頼性の低さが生産のネックとなり、M-82(ASh-82)への換装作業が行なわれた。いよいよ量産型に近づいてきたのだが、攻撃用の武器は爆弾など三〇〇〇キロを胴体内爆弾倉や内翼下の爆弾架に備え、また、前方射撃用の二〇ミリ機関砲二門を主翼付

217　ツポレフTu-2

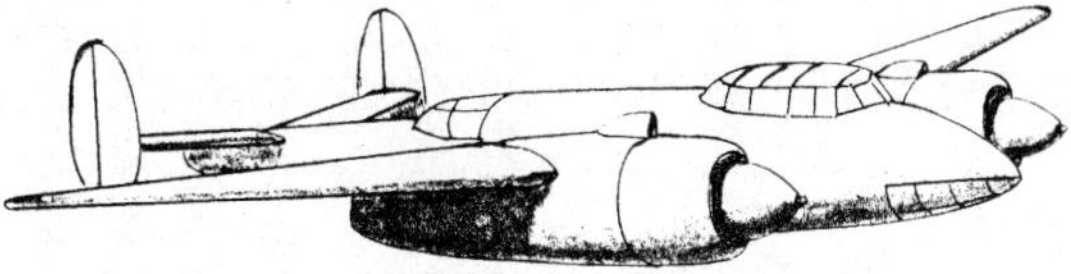

け根に備えた。防御用の武装としては胴体腹部、背部、コクピット後ろに一二・七ミリの手動の銃座が設けられた。
一九四二年前半に作られた初期の生産型の103Sは同年十一月に部隊配備されるや大変な好評を博し、一九四三年一月からTu-2のディジグネーションを与えられ、量産が開始された。この時期になってようやくツポレフら設計陣は解放されたのだが、Tu-2が高く評価されると一転して同年六月に最初のスターリン賞が授与された。
結果的にASh-82（一八五〇馬力）という高出力のエンジンに恵まれたことにより、完全武装でも中高度を五五〇キロ／時で飛行でき、ドイツ空軍機と渡り合ったこともあった。米英から武装貸与法で供与された護衛戦闘機がＴｕ-２に付いて来るのに苦労したなど、飛行性能の優秀さを伝える逸話はいくつもあったが、大戦中の生産機数は二〇〇〇機程度と少なめだった。その原因はやはりツポレフら設計チームの長期拘留による、開発、生産の遅延であろう。

だが、Ｔｕ-２を基礎とする派生型の開発は戦後になるとなお活発になり、まず、構造を強化してエンジンをパワーアップさせたＴｕ-10が大戦終結直前の五月に初飛行し、少数機が生産された。逆にＴｕ-２の機構を大幅に簡易化、軽量化させた練習機型のＵＴＢも相当数製作され、ポーランドにも一〇〇機が供与された。Ｔｕ-２Ｎは英国から輸入されたロールスロイス・ニーン１ターボ・ジェットエンジンのテストベッドだが、Ｔｕ-２Ｓを母体にタイプ77を経てニーン・エンジンが動力のソ連空軍初のジェット爆撃機Ｔｕ-12が試作された。

ヤコブレフUT－1
Yakovlev UT-1

ヤコブレフ設計室はＹａｋ－１以降の有名な戦闘機シリーズの開発、生産に入る前には低出力のエンジンを動力とする連絡機、軽輸送機や中間、高等練習機の設計、生産を行なっていた。ＵＴ－１の基となった小型単座練習機ＡＩＲ－14は、初等練習機ＵＴ－２（後のＰＯ－２）での課程教育を終えた戦闘機パイロット候補生のための中間練習機だったが、アクロバット飛行も可能だった。量産型のＵＴ－１は、民間でのアクロバット飛行用の練習機としても使われたが、軍用練習機としては実戦機（戦闘機）の練習機型に移行する前段階の中間練習機として広く用いられた。

機体の構造は、基本的にはそれまでのヤコブレフＡＩＲ－９～12の構造を踏襲した木製合板、鋼管骨組みに羽布張りの組み合わせだったが、フラップも持たない、極力軽量化を図った小型の低翼単葉機となった。スパッツに覆われた固定脚だったが、操縦席は開放式で、空冷星型のM-11エンジンはカウリングも持っていなかった。主翼は後のヤコブレフ軍用機の主翼の特徴となる強くテーパーした平面形になっていた。AIR-14の設計に際しては、シニェルシチコフ、リス、シニツィンといった技師らが参加した。

UT-1として制式化してから、一九三七年から一九四〇年にかけて一二四一機が生産されたが、この間もエンジンのパワーアップや機体の改良、派生型の開発は続けられていた。エンジンはAIR-14の当時は一〇〇馬力のM-11だったが一一五馬力のM-11G、一五〇馬力のM-11Yeを経て、一九〇馬力のM-12となった。一九三九年には胴体の構造強化が図られたことにより重心が移動し、縦の安定性と操縦性が改善された。

戦局によっては練習機、輸送機などの非実戦機も武装して実戦機として使用するというソ連空軍のもうひとつの特徴にも応えて、主脚カバーを取り除き、七・六二ミリ機銃二梃とRS-82ロケット弾を四発装備した応急軽戦闘機となったUT-1もあった。機銃は両翼上部にむき出しで固定された。

一九三七年には車輪の代わりに双フロートを装備した水上機型で水上機の長距離飛

221　ヤコブレフUT - 1

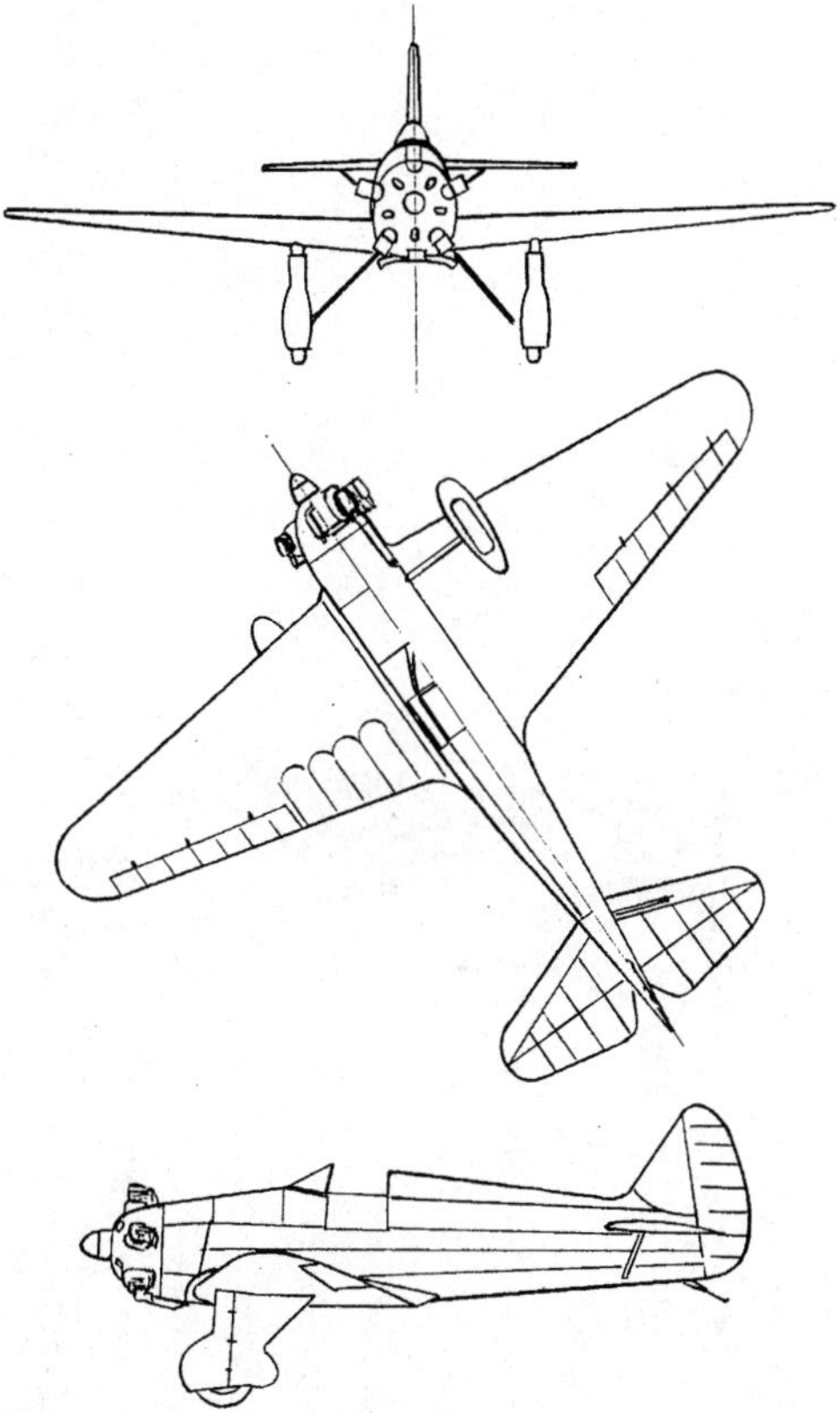

ヤコブレフUT-1　エンジン：M-11Ye(150hp)×1　全幅7.3m　全長5.75m　全備重量598kg　最大速度257km/h　上昇限度7120m　航続距離670km

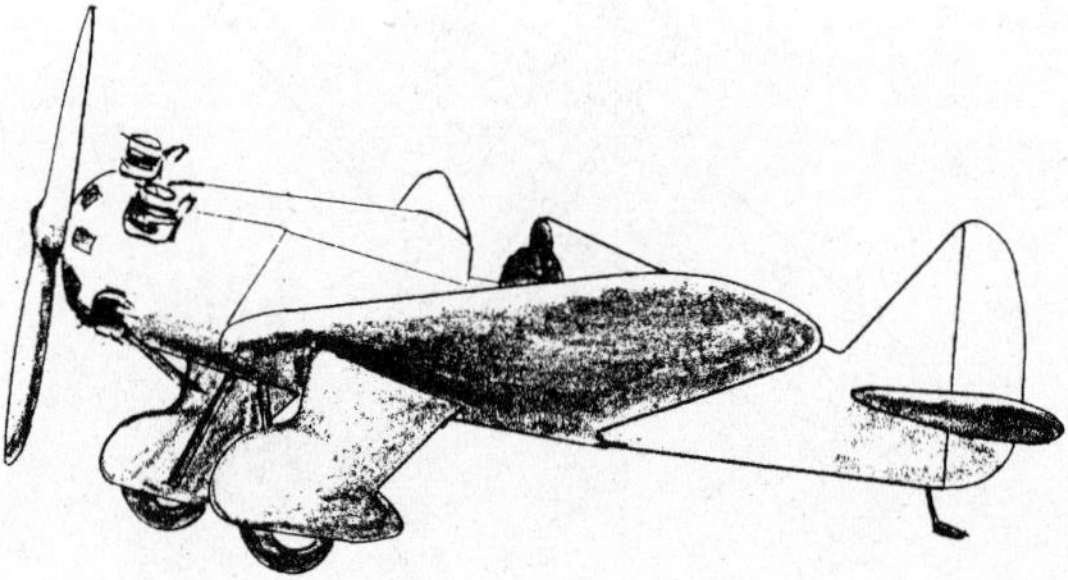

行の記録を作ったり、ルノー・エンジンをライセンス生産したMV・4に換装したタイプが優れた速度性能を示したこともあった。また、同年にはルノー・エンジン版のUT・1の高性能に着目して、エンジンを液冷式のルノー・ベンガリ4に換装して、密閉式のコクピット、引き込み式の主脚に改めたAIR・18も試作されていた。

生産されたUT・1の大半はソ連空軍で用いら

れたが、ソ連海軍航空隊でも黒海で弾着観測機として使用され、三三機は民間のアエロフロートに供与された。独ソ戦開戦後は、相当数が破壊をまぬかれつつもドイツ軍に捕獲された後、ドイツ空軍においても練習機として使用されたものもあった。

練習機として設計され、生産されたにしてはかなり波乱に富む使われ方をしたUT－1だったが、それでも半数以上は第二次大戦を生き抜くことができ、一九四六年以降も東側のパイロット候補生のための練習機として使われ続けた。

ヤコブレフUT・2
Yakovlev UT-2

一九三四年〜三五年頃、ヤコブレフ設計室では単発、密閉式コクピットのAIR・9単葉機を基にAIR・10初等複座練習機の開発に取りかかった。AIR・10も鋼管骨組みに羽布張りの胴体に合板の木製翼という、ヤコブレフ機の構造を踏襲していた。初飛行は一九三五年七月十一日に行なわれ、飛行試験では二一七キロ／時という速度性能を示した。後に「傑作多用途機」と称えられたポリカルポフU・2の後継機（U・2自体、さらに数十年使われ続けるのだが）として早くから期待され開発が進められたが、連絡機としての用途も考慮されていた。

剛性強化や着陸速度の低下など実用機としての改良が行なわれながら、一九三七年には水上機型の試作、試験も行なわれていたが、この年には二種類のエンジンの装備

225　ヤコブレフ UT - 2

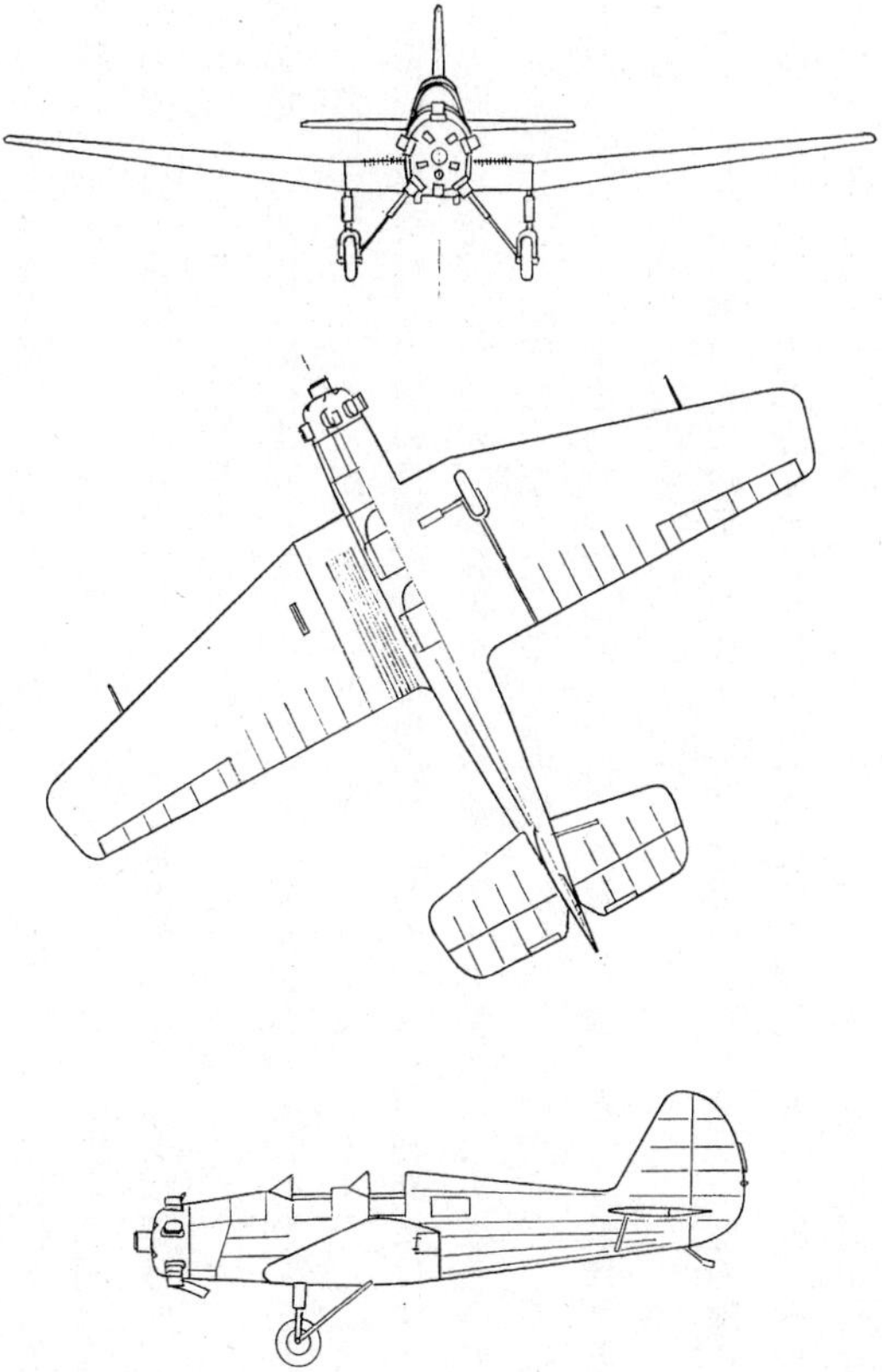

ヤコブレフUT-2　エンジン：M-11Ye(150hp)×1　全幅10.2m　全長7.0m　全備重量900kg　最大速度240km/h　上昇限度6500m　航続距離1000km

機の比較も行なわれた。一方は空冷星型のM‐11Ye（一五〇馬力）を動力とする型で、もう一方は液冷列型のルノー・ベンガリ4（一四〇馬力）を装備するタイプだった。結局、ルノー・エンジンを装備する方はエア・レースに出場する競速機にはなったものの、M‐11M、Gなどを含むM‐11系が量産型のエンジンに選ばれ、新型初等練習機はUT‐2として量産が行なわれることになった。

羽布張りの胴体には複操縦装置付きタンデム複座操縦席が設けられ、後席は通常の飛行の際は教官席となったが、英国のタイガー・モスやマジスターなどのようにフードで覆い計器飛行練習用の操縦席として用いることもできた。初期にはフラット・スピンの問題も指摘されたが、操縦系や水平尾翼の若干の補正により改善され、UT‐2は非常に安全な練習機となった。この練習機の高い安全性は幾度となく操縦ミスを犯したパイロット候補生たちの命を救ったが、優れた操縦性と安全性により連絡機としても大いに用いられた。

だが、一九四一年初夏に始まった独ソ戦は、本機のような軽量小型の練習機まで戦場に駆り出した。地上部隊を近接支援するために小型爆弾やRS‐82ロケット弾を搭載して出撃することもあれば、スピーカーを付けて上空から妨害放送を行なうなど心理戦に用いられたこともあった。曳航装置を装備してグライダー曳航機として使われ

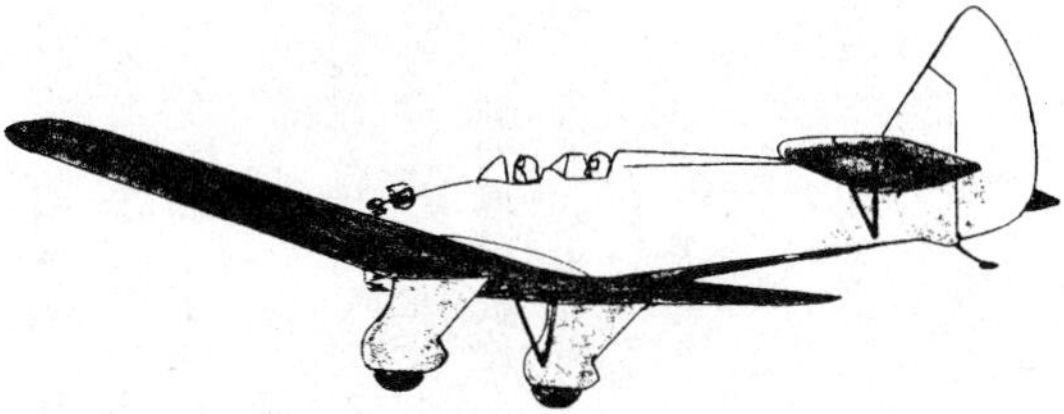

ることもあった。

この一九四一年には主翼前縁の後退角を増したUT－2Mが生産に入ったが、主翼の再設計にともないエルロンの面積が小さくなったほか、尾部も再設計され、全体の形状としてはUT－2と異なる印象の機体となった。

UT－2では実戦機に近いYak－7UTI高等練習機の前段階の戦闘機パイロット候補生の課程教育（中間練習機の課程）も行なわれたが、一九四四年にはこの段階での用途を重視したUT－2Lも作られた。

UT－2Lになるとさらに異な

る形状になり、空冷星型エンジンのシリンダーはヘルメット型のカウリングに覆われ、密閉式キャノピー、引き込み脚と、当時の戦闘機の特徴をより多く備えた型になった。

この頃になるとUT‐2の派生型というよりも、UT‐2を祖先とする練習機といえるほどの異なる機体になっていたが、開発はさらに続けられ、UT‐2Lが固定脚になったようなYak‐5も試作された。Yak‐5は手動スプリットフラップや通信装置、射撃装置も備えていたが、構造が旧式すぎたため生産は見送られ、より近代的な構造に改められたYak‐18が開発された。

UT‐2系の練習機は戦後もソ連空軍だけでなく東側諸国で使われ続け、一九五〇年頃までに約一〇万人もの軍用機パイロットの教育、訓練に供した。

ヤコブレフYak・4
Yakovlev　Yak-4

　一九三〇年代後半には世界的な流行ともいえるほどの双発高速多用途機への過大な期待があったが、ソ連空軍もその傾向の例外ではなかったようで、一九三八年、三九年の頃にはヤコブレフ設計室で高速双発爆撃機の試作が始まった。外形的には非常にきれいなラインで、高性能を予感させる姿ではあったが、両翼のエンジンのプロペラ・スピンナーが胴体よりも前方に位置し、前後して開発に入っていたドイツのメッサーシュミットＭｅ210を連想させるものがあった。

　しかしながら、機体構造は木金混合構造、鋼管骨組み構造と革新的なものがなかったため、試作型のＹａ‐22の初号機は一九三九年早々に初飛行を行なった。基本的には六〇〇キロ程度の爆弾を機内に搭載して、固定機銃と旋回機銃を一梃ずつしか持たず短距離高速爆撃を目的とするBB‐22だったが、初期の段階から用途別の様々なタイプが考慮されており、爆弾倉の後ろにカメラを備えた偵察型のR‐12、胴体に二〇ミリ機関砲を二門装備して護衛戦闘機として用いるI‐29も検討された、試作型、量産型とも、エンジンはM‐103（九六〇馬力）だった。

この高速爆撃機は一九三九年のメーデーの赤の広場上空での観閲飛行で存在を明らかにしたが、最大速度五六七キロ／時、五〇〇〇メートルまでの上昇時間は五分四五秒、上昇限度は一万八〇〇メートルという高性能だった。しかし、翼面荷重が一七四キロ／平方メートルと高く、着陸速度は一六〇キロ／時に達した。

量産は軽爆撃機型のBB‐22について行なわれたが、試作型で主翼付け根の直後にあった航法士席が量産型では操縦席の直後に移され、この席で旋回機銃を操作する際は風防ごと射撃席がせり上がった。燃料タンクは航続距離を伸ばすため増積されたが、翼内装備のみとなり、これは被弾時の発火可能性を高めるため軍用機としては望ましくない措置といえた。量産型は一九三九年十二月三十一日にロールアウトし四〇年二月二十日に初飛行を行なったが、重量は試作型よりも二五〇キロ重くなり、飛行性能は著しく低下し、最大速度は五〇キロ／時は遅くなり、実際に飛行してみると安定性に問題があることも露呈した。なお、量産型はYak‐2と称された。

231　ヤコブレフ Yak - 4

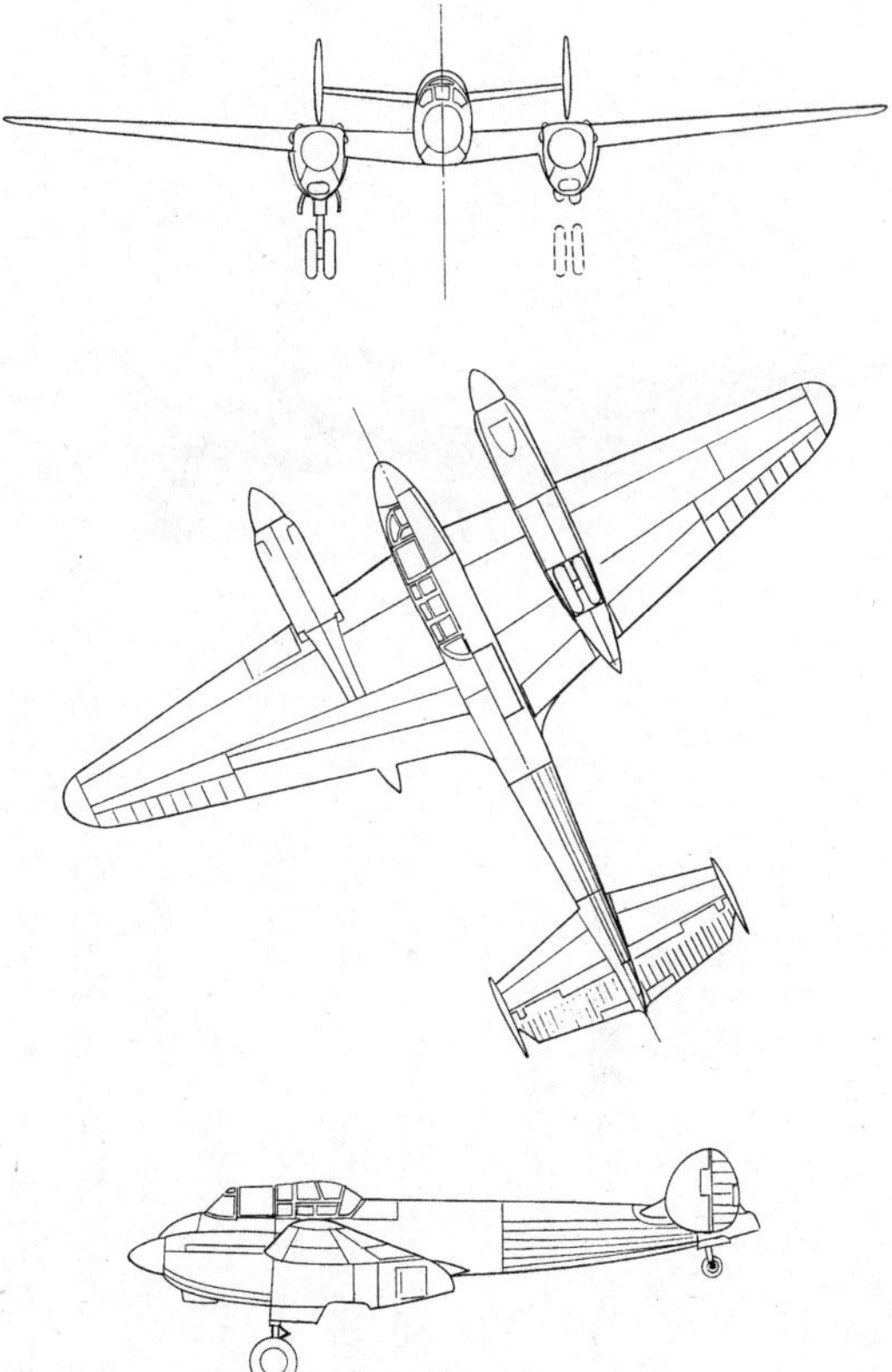

ヤコブレフYak-4　エンジン：M-105(1100hp)×2　全幅14.0m　全長10.18m　全高3.3m　全備重量6115kg　最大速度533km/h　上昇限度9700m　航続距離925km　武装：爆弾400〜900kg、7.62mm機銃×3

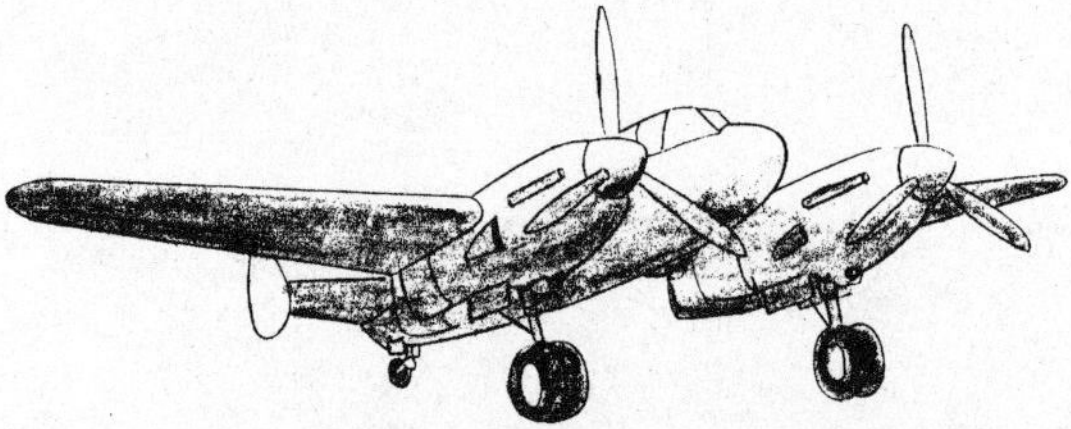

高速爆撃機の開発はさらに続けられ、Yak-2をもとにエンジンを一一〇〇馬力のM-105に換装し、胴体の背部の高さを削ってコクピットの風防、キャノピーの形状を改修した新型が試作された。胴体も八四センチ延長された試作機では難しかった着陸操作も改善され、最大速度も五七四キロ/時となった。しかしながら、量産型Yak-4は主車輪をそれぞれ二重にしたこともあり重量がYak-2よりも五〇〇キロは重くなり、再び相当の性能低下を招いた。

ヤコブレフ設計室は大戦機としては名作となった単座単発戦闘機シリーズや練習機群を送り出したが、結局、双発高速爆撃機の分野では優秀な機体を作ることができなかった　一九四一年には独ソ戦も始まったが、この年の秋にはＹａｋ‐４の開発、生産もストップした。

Ｙａｋ‐２もＹａｋ‐４も生産数には諸説あるが一〇〇機、二〇〇機のレベルだったようである。

実戦部隊に配備されたのはさらにそのうちの一部に過ぎなかった。実際に当初予定していた高速爆撃機として使用するにはやはり多くの問題があり、高速偵察機として使われることが多かったとされている。また、胴体後部をペイロード・スペースとして使い、高速要務連絡機、高速軽輸送機として使われることもあったようである。

ヤコブレフＹａｋ・１
Yakovlev Yak-1

スペイン戦争で交戦したドイツ空軍のメッサーシュミットＢｆ109を意識して、一九三〇年代末期から四〇年代の初期にかけて新興のラボーチキン、ミコヤン・グレビッチ設計室の戦闘機とともに競作試作されたのがヤコブレフ設計室のＩ‐26だった。この試作戦闘機は二機作られて評価を受けた後、エンジンをＭ‐109ＰからＶＫ‐105ＰＡに換装した量産型Ｙａｋ‐１の量産指示が行なわれた。

時代的には全金属製の戦闘機が世界では大勢を占めていたが、生産性が重視されて胴体後半は鋼管骨組みに羽布張りの構造だった。ラボーチキン機もベークライト材での生産性向上に努めていたが、英空軍がやはり羽布張り構造のホーカー・ハリケーンを短期間で多数揃えたことに考え方が近いだろう。

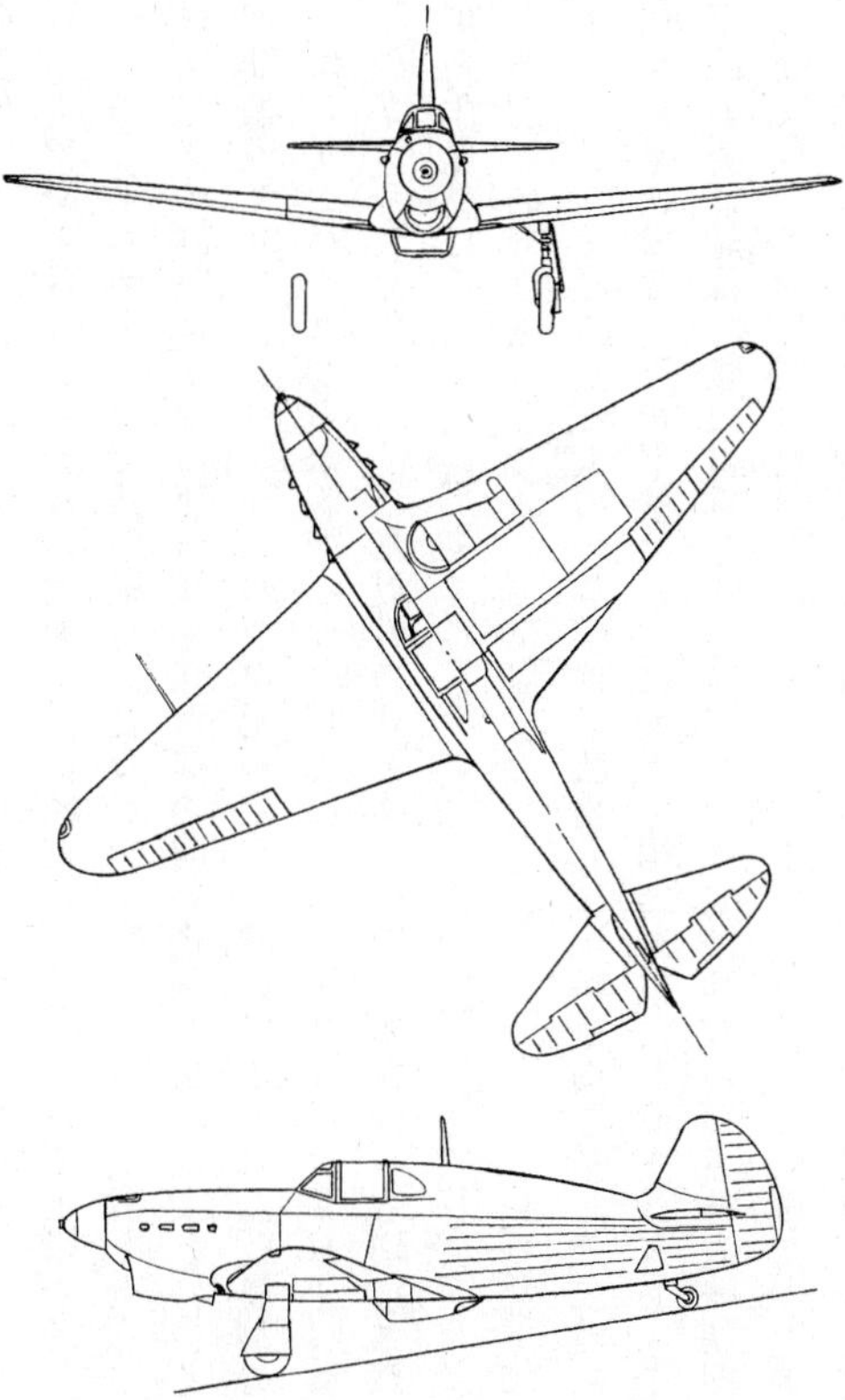

ヤコブレフYak-1　エンジン：ＶＫ-105PA（1100hp）　全幅10.0m　全長8.48m　全備重量2858kg　最大速度577km/h（高度4950m）　上昇限度10000m　航続距離700km　武装：20mm機関砲×１、7.62mm機銃×１～２

この頃のソ連の航空機製造技術の「同じ機体が作られることはない」といわれたほどの劣悪さという共通のハンディキャップはあったが、同僚の初期生産戦闘機のLaGG‐1やMiG‐1のように大幅な設計改修を求められることはなく、Yak‐1は一九四〇年のメーデーで観閲飛行を行ない、レーニン賞も受賞した。この違いは、ヤコブレフ設計室はすでに連絡機や練習機の開発経験があったことによるものだろう。

初期型のYak‐1はレザーバックだったが、続いて現われた改良型のYak‐1Bではレザーバックから水滴型キャノピーになり、風防、キャノピーは強度の強いプレキシガラス製になった。これ以外の防弾強化や装備機銃弾数も増加された。

主力生産型になったのは、さらに約二〇〇キロの軽量化を行なったYak‐1Mだった。この型はエンジンを一二六〇馬力のVK‐105PFとし、軽量化のためモーター・カノンを廃止したものの無線機を装備し、尾輪も引き込み式に改められた。

独ソ戦緒戦ではソ連空軍機は非常に大きな損害を被ったが、Yak‐1系はドイツ空軍戦闘機に対抗できた貴重な戦闘機だった。航続性能の短さは大戦初期のヨーロッパの戦闘機の共通の弱点だったが、Yak‐1の戦いは専ら防戦だったので、侵攻してきたドイツ空軍のBf109ほどの問題にはならなかった。武装は、概して機関砲一門と機銃一～二梃程度の軽武装だったが、重武装のタイプが試作されたり、実戦部隊で

オプションの装備を施したこともあった。モスクワ攻防戦の頃にはRS-82ロケット弾六発を装備できたタイプが一〇〇機以上も生産ラインから出てきたが、ドイツ空軍の新型のBf109Fに対抗できる飛行性能を確保するためにロケット・ランチャーを撤去するものも多かった。

主翼の平面形が菱形に近い強くテーパーした形状は大戦中のヤコブレフ戦闘機の特徴だったが、UT-1練習機の開発を経て、Yak-1以降の標準となった、Yak-1

は一九四三年まで生産が続けられ、八七二一機製造されたが、車輪やスキーといった降着装置や武装、装備の違いにより上記の基本型から様々な型が派生した。特筆すべき型はYａ‐28（I‐28）という高高度戦闘機型だったが、ドレンシャル二段過給器付きのPFエンジンを動力とし、滑油冷却器、エンジン冷却器も大型化されていた。遡ること一九四〇年にはYａｋ‐1から複座練習機型のYａ‐27が試作され、これを基にUTI‐26練習機兼連絡機が作られたが、これは後のYａｋ‐7への道を開くものでもあった。

ヤコブレフYak・7
Yakovlev Yak-7

実戦機の練習機転用は珍しくないが、Yak・7は練習機から戦闘機に発展した珍しい存在である。Yak・1から派生したUTI・26はタンデムの複座席それぞれに操縦系を持っていたが、このタイプはYak・7と名称変更された。複座練習機になったのにともない翼幅は伸び、武装は二〇ミリモーター・カノンだけになり、主脚は固定脚にされた。初飛行は一九四〇年の晩夏に行なわれた。

Yak・7では取り扱いの軽易さが重視されたため、構造的にYak・1戦闘機よりもかなり単純化され、無線装置も取り外された。実戦機を改装して高等練習機を作ることの重要性は、スペイン内戦にI・16が義勇軍として派遣された際に、I・16の操縦の難しさに手を焼いたスペイン人たちが修理工場で暫定的なI・16の複座練習機型を数機作り上げて高等練習機として用い、効果を挙げたことにより理解されていた。

そのため主力戦闘機と期待されるヤコブレフ戦闘機に搭乗するための高等練習機型が開発されたのだが、練習機としての機能を重視し、武装をさらに軽くし七・六二ミリ機銃一梃だけにしたYak-7UTI、非武装にしたYak-7Vも作られた。

Yak-7の練習機型は中間練習機から戦闘機への転換を容易にするために開発されたのだったが、独ソ戦の勃発により、この高等練習機からも戦闘機型が新たに生まれた。二〇ミリ機関砲と一二・七ミリ機銃、RS-82ロケット弾六発かFAB100爆弾二発を搭載できる複座戦闘機型Yak-7Aが一九四一年末期に現われたのである。飛行性能を確保するために引き込み脚に戻されはしたが、全般的に構造が簡略化されて軽量になっていたのでYak-1よりも操縦性に優れ、攻撃能力も高められていた。後席を燃料タンクスペースに転用すれば航続距離を伸ばすこともできた。

Yak-7Aはドイツ軍の侵攻によりドロ縄式発想で作られたといってしまえばそれまでだったが、続いて現われたYak-7Bはスパンを短くし、RSI-4無線機を備えた戦闘機としての機能を高めたタイプだった。一九四二年夏にはエンジンがM-105PFからM-105PAに積み替えられている。そして、モスクワ攻防戦の頃には夜間戦闘機型のYak-7PWOも登場した。

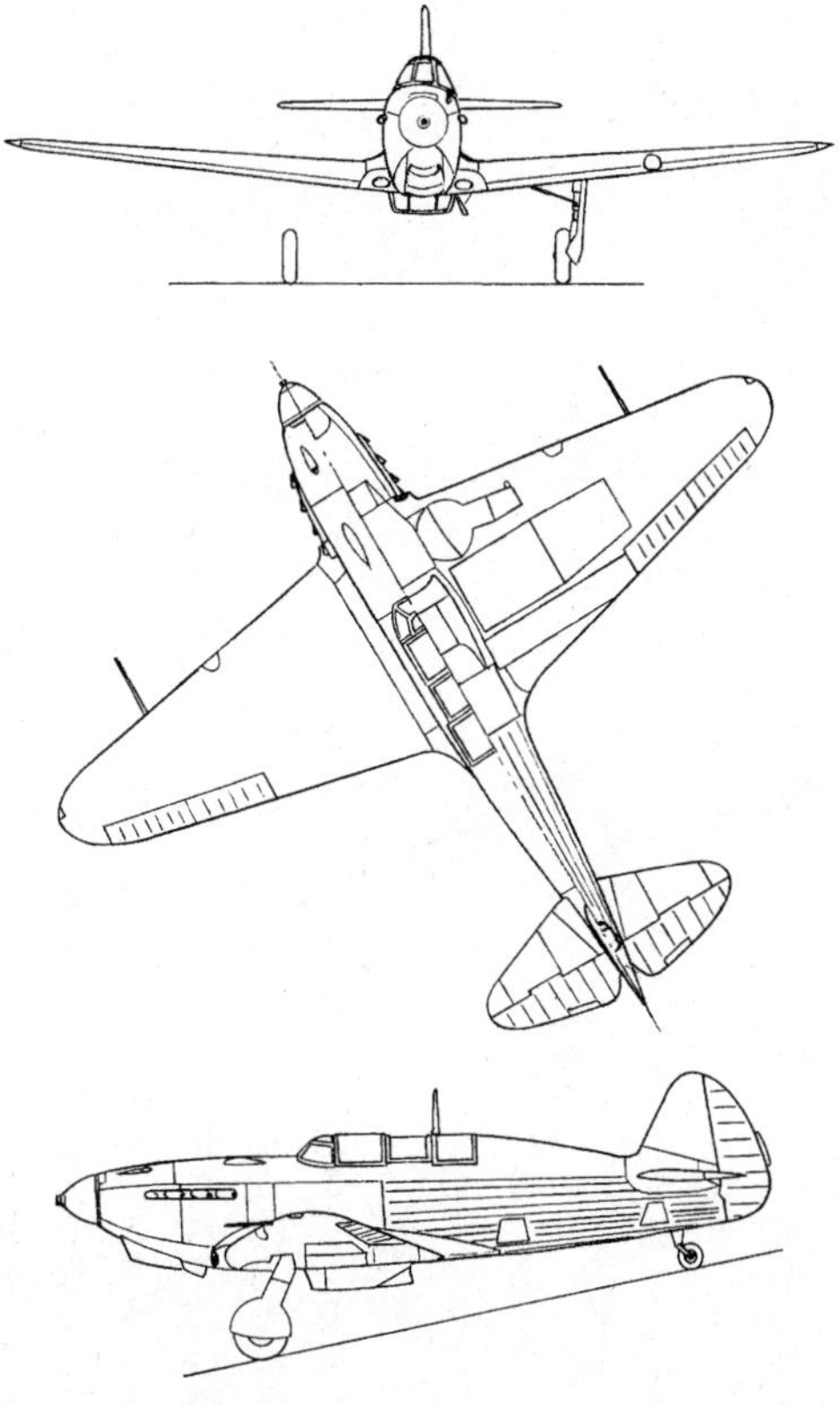

ヤコブレフYak-7B　エンジン：M-105PF(1210hp)×1　全幅10.0m　全長8.48m　全備重量3005kg　最大速度588km/h(高度3860m)　上昇限度10200m　航続距離600km　武装：20mm機関砲×1、12.7mm機銃×1～2、爆弾200kgまたはRS-82ロケット弾×6

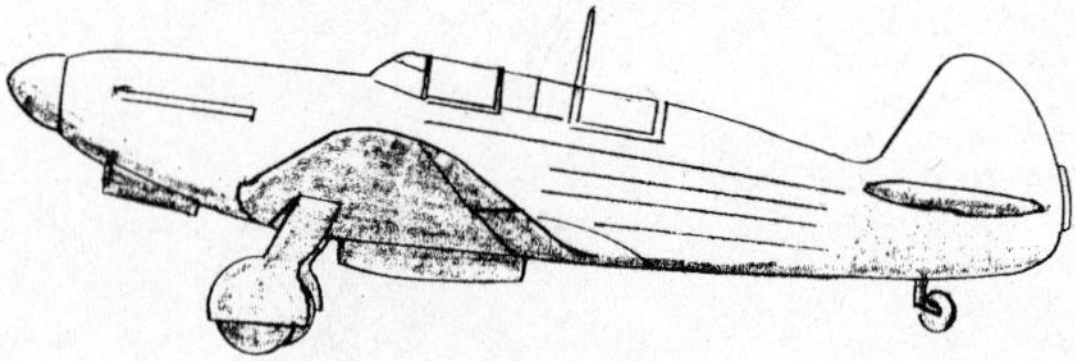

　Ｙａｋ・７Ｋは非武装のＹａｋ・７Ｖの複操縦装置をなくした型だったが、このうちの一機は注目される実験機となった。補助動力となるジェットエンジンを両翼下に懸吊する複合動力実験機、Ｙａｋ・７ＰＶＲＤとなったのである。

　簡易な構造だったので手を加える余裕があり、これらのほかにも大口径砲搭載型や与圧室を装備したタイプもあった。レンドリース協定によりアメリカからジュラルミンが大量に入ってくると、主翼の構造材を木製から金属製に改め、翼内燃料タンクの容量を増加したＹａｋ‐７Ｄも作られたが、このタイプは航続距離が一〇〇〇キロに達した。最終的には水滴型キャノピーにして後方視界を改善したＹａｋ‐７ＤＩにまで発展した。

Ｙａｋ‐７系の機体は一九四三年初頭まで生産が続けられ、六三九九機が生産されたが、Ｙａｋ‐Ｄ、ＤＩは重戦闘機型のＹａｋ‐９への先駆けとなった。

ヤコブレフYak-6
Yakovlev Yak-6

独ソ戦が始まった一九四一年の後半に工場がノボシビルスクに疎開することになったので困難な状況にあったのにもかかわらず、A・S・ヤコブレフは自発的に、最小限の労力、資材で製作することができ、かつ前線部隊での使い易さを重んじた多用途双発機の設計に取り組み始めた。ドロ縄的な開発経緯とも見られるが、高性能をも求める敗戦間際の枢軸国の軍用機のような非現実的なものではなく、「とりあえず使えるものを」の一点に開発意図を絞った、地に足が着いた応急開発軍用機だった。

夜間短距離爆撃や貨物や旅客を空輸する要務、連絡、それに傷病者空輸といった、やや大きな軍用機でならばできるが、必ずしも高性能は求められないという任務への対応をめざしたので、開発開始の意図はシチェルバコフのＳｈｃｈｅ-２に似ている。

245　ヤコブレフ Yak - 6

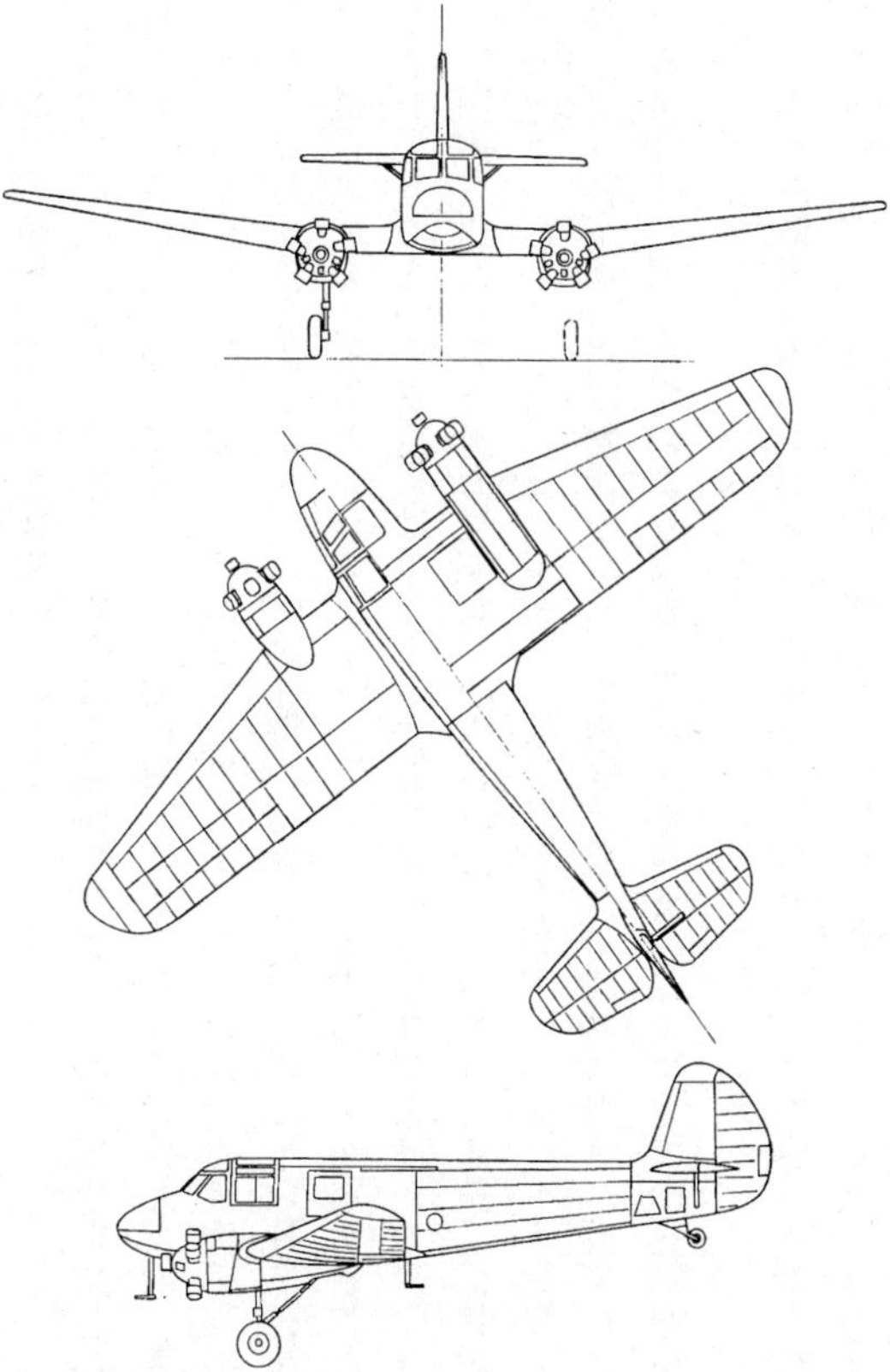

ヤコブレフYak-6　エンジン：M-11F(165hp)×2　全幅14.0m　全長10.35m　全備重量2300kg　最大速度187km/h　離陸距離280m　着陸距離220m

だが、開発、テスト、量産から部隊配備までの動きは、各種軍用機の開発経験に富むヤコブレフの多用途機の方が格段に早かった。

基本的な構造は木製骨組みで、さらに生産性を考慮して曲線部分を減らし、中央翼は長方形とされた。動力には一九〇馬力のＭ‐12エンジンを予定したが、さらに低出力のＭ‐11Ｆ（一六五馬力）を使わざるを得なかった。それでも製作工程の単純さと使い易さに対する評価が高かった。試作機の初飛行は一九四二年六月に行なわれ、九月には飛行試験を終えるというスピード審査で、同年中に生産が開始された。

Ｙａｋ‐６となった双発機は胴体下、主翼中央部下に爆弾を最大五〇〇キロまで搭載し、胴体右側に備えた風力発電装置が機首下部に搭載された無線通信装置の電源となった。生産型では主翼付け根後縁のフィレットが小さくなり、エルロンが大きくなった。旅客空輸の際は胴体の左側が搭乗扉になり、四名の乗客が搭乗した。貨物機になる場合は、胴体右側のより大きな貨物扉から五〇〇キロまでの貨物を積むことができた。

いかんせん低出力のエンジンによる多用途機だったので低性能なのはやむを得ないこととされて、量産型は一九四二年～四三年に約三八〇機作られて、さっそく前線に送られて様々な任務で活躍した。三〇〇メートルに満たない離着陸距離というのも、

247　ヤコブレフYak‐6

国土が戦場になってしまったソ連軍にとって使い易い要因だったのだろう。人員、貨物の輸送や、爆弾、RS‐82ロケット弾を装備しての近接支援や夜間攻撃任務でも用いられた。胴体上部に旋回銃座をセットしたこともあった。

　輸送機だったのにもかかわらずやはり必要に迫られて様々な任務で用いられたソ連版C‐47のLi‐2になぞらえて「木製のダグラス」とも呼ばれた。高性能の追求に捕らわれるか、軍側の無理難題の要求に振り回されるかしてしまい、大戦勃発後はかえって実戦現場で望まれる必要な軍用機が入手しにくくなるケースが各国では多かったが、Ｙａｋ‐６は軍用機の、もうひとつの「かくあるべき」を示した事例といえるだろう。

大戦に入ってからの開発、生産だったので、戦争後半から戦後にかけても相当の機数が残ったようで、一九四四年～五〇年頃のソ連空軍の標準的な多用途輸送機となった。グライダーを曳航するためのフックや写真撮影装置、急患空輸のための装備などが付加可能で、降着装置はスキーへの交換はできたが、フロートを装着することはなかった。

好評だったＹａｋ‐６に続き、機体構造を近代化し、むき出しだったエンジンのシリンダーをヘルメット型カウリングで覆ったＹａｋ‐８も試作された。胴体が延長されて搭載容量が増加し、専ら輸送機としての用途を前提としていたが、量産は次世代の全金属製輸送機に対して行なうこととされ、Ｙａｋ‐８については見送られた。

ヤコブレフYak - 9
Yakovlev Yak-9

Yak - 7D系から開発された重戦闘機型がYak - 9で、初飛行は一九四二年十月十二日に行なわれた。エンジンは一二一〇馬力のVKP - 105Fとなり、Yak - 7DIの燃料タンクはさらに大型化された。着陸灯をなくすなど重量の軽減にも努め、Yak - 7系よりも160キロほど軽量化されている。しかし、二〇ミリ機関砲一門、一二・七ミリ機銃一梃という軽武装では戦闘能力まで低下してしまい、初期量産型については前線のパイロットからの不評が多く、すぐに一二・七ミリ機銃をもう一梃追加したYak - 9Mに移った。

ヤコブレフ戦闘機はすでに実績を挙げ、ドイツ空軍との戦いでは必要な存在にもなっていたので、早くも一九四二年十一月のスターリングラード戦でYak - 9は実戦投入された。主翼はYak-7Bよりも少し短くなった新しい金属翼になり、付け根のインテークは少し広がった。機首下部のオイルクーラー・インテークは整形し直してエンジンカウリングの形状は改められ、胴体下部のラジエターも改善された。整形されたインテークの形状は、このインテークがなくなってしまうYak-9Uに至るまでの外形的な特徴となった。尾輪も引き込み式になり、方向舵や補助翼、翼桁なども再設計され、全体的に前作のYak-7系よりもかなり洗練されたといえる。

また、対応する任務により様々な派生型が作られたこともYak-9系の特徴だった。標準的なYak-9との外形的な違いはほとんどないが、長距離を意味する〝D〟を付加したYak-9Dは、航続距離が八三〇キロ（標準型は六六〇キロ）になったタイプだった。Yak-9T-37は機首が少し長くなり、対戦車砲の三七ミリ口径モーター・カノンを装備した。四五ミリ対戦車砲のモーター・カノンを搭載したYak-9TDとYak-9Kはティーゲルやパンツァーのようなドイツ陸軍の代表的な戦車も破壊することができた。

ドイツ機甲師団の戦車攻撃に活躍したのはイリューシン・シュツルモビクが有名だが、レンドリース協定でアメリカから供与されたベルP-39エアラコブラ、P-63キングコブラといった三七ミリモーター・カノンを持つミッドシップ型戦闘機やLaG

251　ヤコブレフ Yak - 9

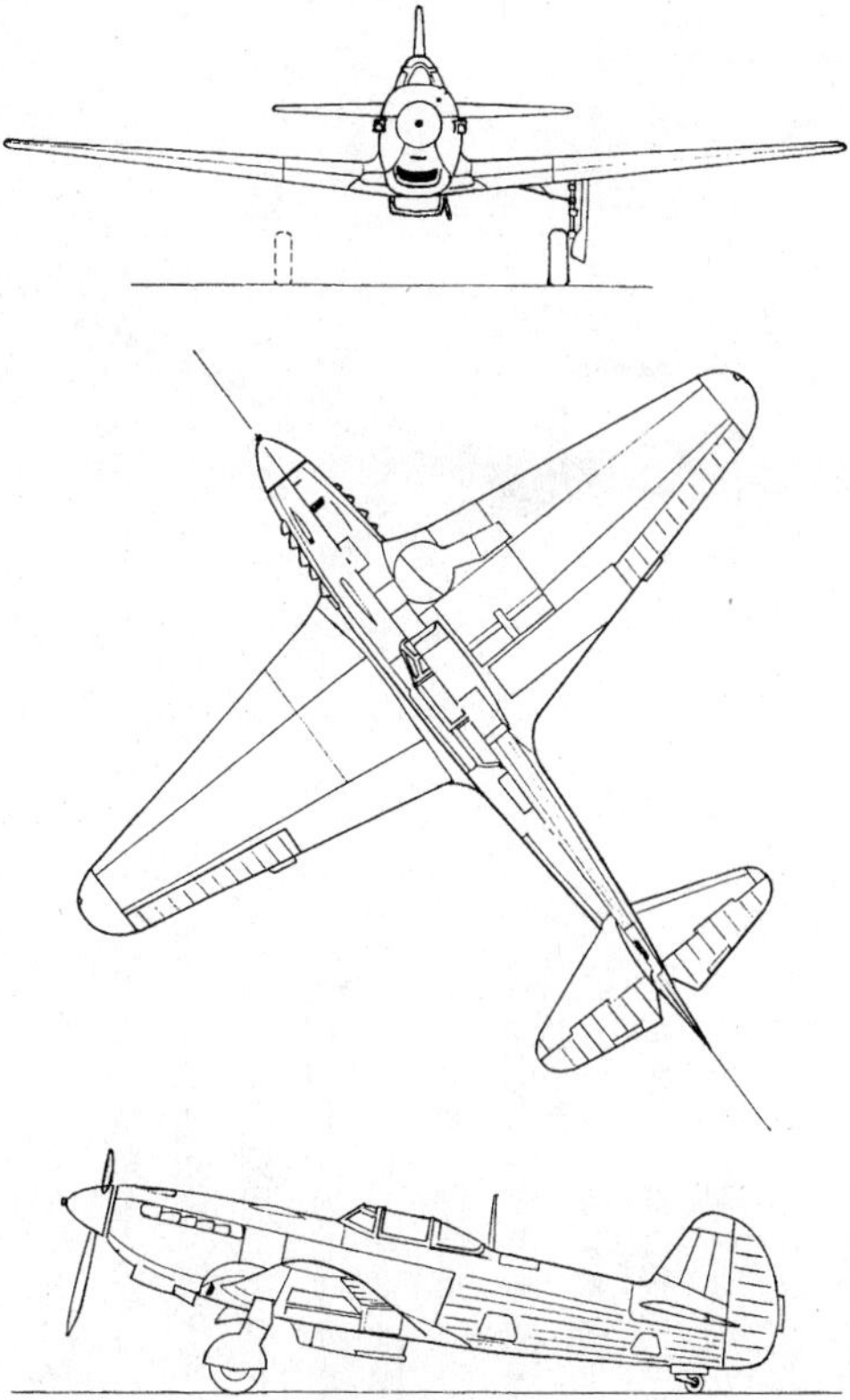

ヤコブレフYak-9D　エンジン：クリモフM-105PF-3(1360hp)×1　全幅9.74m　全長8.54m　全備重量3082kg　最大速度602km/h　上昇限度11000m　航続距離830km　武装：20mm機関砲×1、12.7mm機銃×1～2

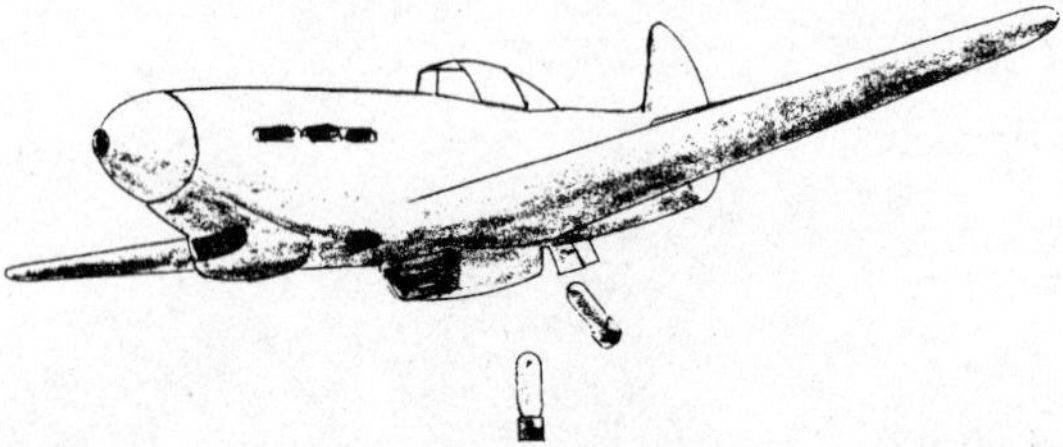

Ｇ-３三四回量産型、それにＹａｋ-３Ｔ、-３Ｋ、Ｙａｋ-９Ｔ、-９Ｋのような大口径砲搭載機もかなり活躍したようである。

写真偵察機のＹａｋ-９Ｒ、高々度戦闘用の-９ＰＤ、複座練習機型の-９ＵＴＩなどもあったが、Ｙａｋ-９Ｂは操縦席のすぐ後ろの爆弾倉に四〇〇キロまでの爆弾を搭載する戦闘爆撃機型だった。一〇〇キロ爆弾四発を前傾させて縦にして搭載させてラジエター直後の爆弾倉扉から投下するという珍しいタイプの戦闘爆撃機だったが、この型はそんなに多くの機数は作られなかった。

エンジンをVK-105PF2に換えたYak-9U、またVK-107Aを搭載したYak-9Pになると、この系列の外形的特徴だった機首下のインテークはなくなっていた。もっとも、主翼付け根のインテークがさらに目立つようにはなっていたが。このYak-9系の特徴がなくなったため、外見的には胴体の後部を除けばYak-3と非常に似た形状だった。胴体後部も金属製になった。

Yak-9系の生産は第二次世界大戦終結の一九四五年八月まで行なわれ、一万六七六九機が生産されたといわれている。

ヤコブレフYak・3
Yakovlev Yak-3

Yak・7、・9よりも前のディィジグネーションだが、最も後に現われ、かつ、対戦闘機用戦闘機としての完成度が高かったのがYak・3である。Yak・3の高い戦闘能力は大戦後期になって入手できるようになったクリモフ系の優れたエンジンによるところが大きいが、機体設計もエンジンの能力を引き出せる優れたデザインになっていた。戦場に本格的に現われたのは一九四四年だったが、生産は戦後も続けられて、四八四八機が作られている。

開発は一九四二年夏頃に始められ、Yak・1Mの一機を改造して、エンジンをVK・105PF2、プロペラをVISH・105SVに換えて原型機が製作された。試作機開発にあたっては耐久、火力、戦闘能力を向上させるために、重量軽減とエンジンとの

255　ヤコブレフ Yak - 3

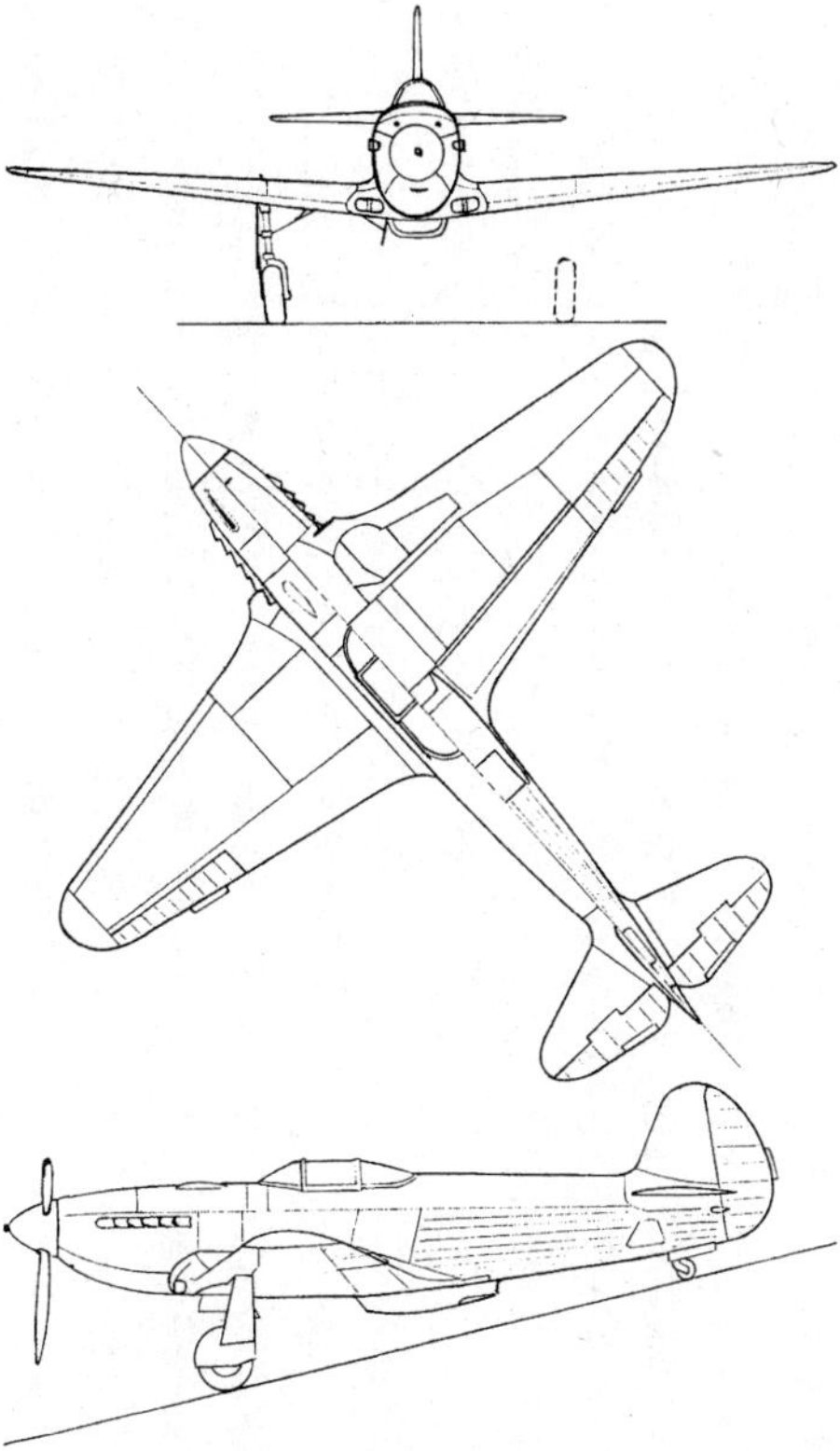

ヤコブレフYak-3　エンジン：VK-105PF2(1290hp)×1　全幅9.2m　全長8.5m　全備重量2697kg　最大速度646km/h(高度4100m)　上昇限度10400m　航続距離550km　武装：20mm機関砲×1、12.7mm機銃×2

整合性が重視された。主翼も八〇センチ短い新しい翼になり、エンジンも何回か換装された。

機体は空力特性を高めるための相当の努力が行なわれ、オイルクーラー・インテークは機首下からなくなって主翼付け根両側に移され、非常にスマートな姿になった。風防、キャノピーも窓枠が少ない視界の良いタイプになり、幅が狭くなったラジエターも米軍のP-51ムスタングのように主翼の後縁フィレット近くの胴体下部に置かれた。結局ラジエターはここに置かれるのが最も空力的に有利ということだからであろう。このような機体設計上の様々な工夫により、Yak-3は大量生産された実戦機の中では最も小型で軽量の部類の機体となった。

原型機の飛行テストは一九四三年初頭からモスクワで行なわれた。試作機は高度三〇〇〇〜四〇〇〇メートルで六〇〇キロ／時台の後半を出す優れた速度性能を示した。そのため、一九四三年七月のクルスク戦車戦において試験的に実戦投入されたが、本機の高性能が確認される一方、実戦部隊には新兵器Yak-3が熱望されるようになった。実戦での評価ではBf109F、G、Fw190Aのようなドイツ空軍の主力戦闘機に対しても低空では著しい操縦性の優位さを示したが、低速飛行時や離着陸時には揺れ気味になる癖が確認されたとのことである。

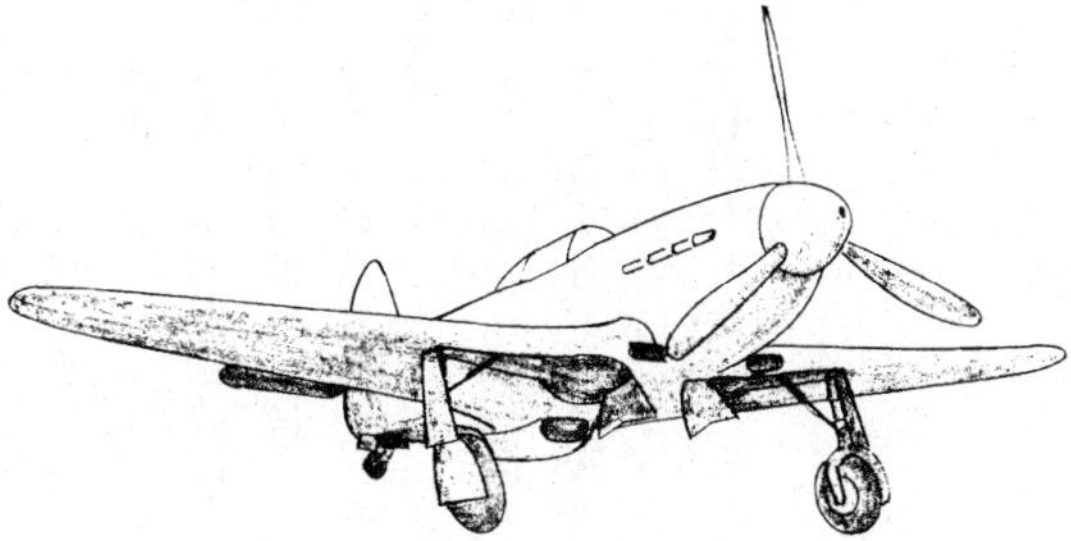

これらを改善してから量産は一九四四年春に始まり、待望の部隊配備は夏からとなった。すでにドイツ軍の劣勢は明らかになっていたが、Ｙａｋ－３系でも派生型の開発は行なわれ、三七ミリモーター・カノンを備えたＹａｋ－３Ｔ－37、四五ミリ砲のＹａｋ－３Ｋのような襲撃機型や全金属製のＹａｋ－３Ｕも製作された。空冷星型のＭ－82エンジンに換装されて評価を受けた改造型や、ラボーチキンＬａ－７ＲＤ－１のようにグルシコＲＤ－１ロケットエンジンを胴体後部に備えた実験機Ｙａｋ－３ＲＤも試作された。

ドイツ占領によりさらに先進的なロケット、ジェットエンジンが流入し始めると、ソ連でも純ジェット戦闘機の開発が急遽開始されたが、ソ連空軍初の実用ジェット戦闘機となったＹａｋ‐15は全金属製のＹａｋ‐３Ｕを基に開発された（別項）。

Ｙａｋ‐３を装備した伝説的な部隊としては、自由フランス軍から派遣されて、ソ連空軍の隷下で編成され活躍したノルマンディー＝ニーメン隊が有名だが、同隊はＹａｋ‐３でフランスに凱旋帰国したという。

その一方で、本機とＹａｋ‐９は大戦直後には東欧衛星諸国の空軍の主力機の地位にあったので、西側自由経済圏の空軍機にとっては冷戦初期の対峙すべき相手でもあった。だが、四〇年以上の時を経て米ソの冷戦が終結すると、アメリカ製のアリソン・エンジンを動力としたＹａｋ‐３が現われ、大戦機マニアの市場で再生産のための受注活動が行なわれたこともあった。

イェルモラエフＹｅｒ・２
Yermolayev　Yer-2

胴体上部に突き出た操縦席キャビンは胴体の中心線から左側に寄り、強くテーパーした主翼は強い逆ガルという、一度見たら忘れられない形状の爆撃機である。この印象的な形態は、設計を指揮したウラジミール・イェルモラエフが以前、イタリア人設計技師のパーティーニの設計室でＳｔａｌ‐７輸送機の開発に加わっていたことに起因する。結局、試作機の域から出られなかったＳｔａｌ‐７はＹｅｒ‐２よりはまだノーマルな姿だったが、イェルモラエフは自らの設計室で新型長距離爆撃機の設計を行なうにあたり、強くテーパーした逆ガル形式の主翼は踏襲することにした。なお、この爆撃機の試作型はＤＢ‐240と称された。

逆ガル主翼の利点は主車輪の支柱を短くすることができることにある。レシプロ機の場合、パワーの大きなエンジンで大直径のプロペラを回転させると飛行中の効率は上がるが、地上においてはプロペラの直径の大きさゆえに車輪の支柱が長くなり、降着装置の強度に問題が生じる。アメリカのＦ４Ｕコルセアも日本のＢ７Ａ流星もこのために逆ガル形式の主翼になった。

イェルモラエフは爆撃機開発にあたって一三五〇馬力クラスのクリモフＭ－106を望んだが、Ｍ－106の量産が見送られてしまったため、一〇五〇馬力のＭ－105を動力とせざるを得なくなった。このＭ－105は逆ガルの主翼の下半角の内翼から上半角の付く外翼に切り替わるところに装備された。

試作型ＤＢ－240の初飛行は一九四〇年六月に行なわれ、すぐに飛行試験に入ってＹｅｒ－２というディジグネーションになった量産型の生産も開始されたが、この慌ただしさはナチスドイツとの開戦が間近と認識されていたからだった。だが、一九四一年六月二十二日の独ソ戦開戦までにソ連空軍に引き渡されたＹｅｒ－２は五〇機程度に過ぎなかった。

この翌月にはベロネシニにあった生産ラインは疎開されることになったが、疎開までに生産された一二八機のＹｅｒ－２で二個航空連隊が編成され、配備された各機によってドイツ本土への長距離爆撃が実施された。

261 イェルモラエフ Yer - 2

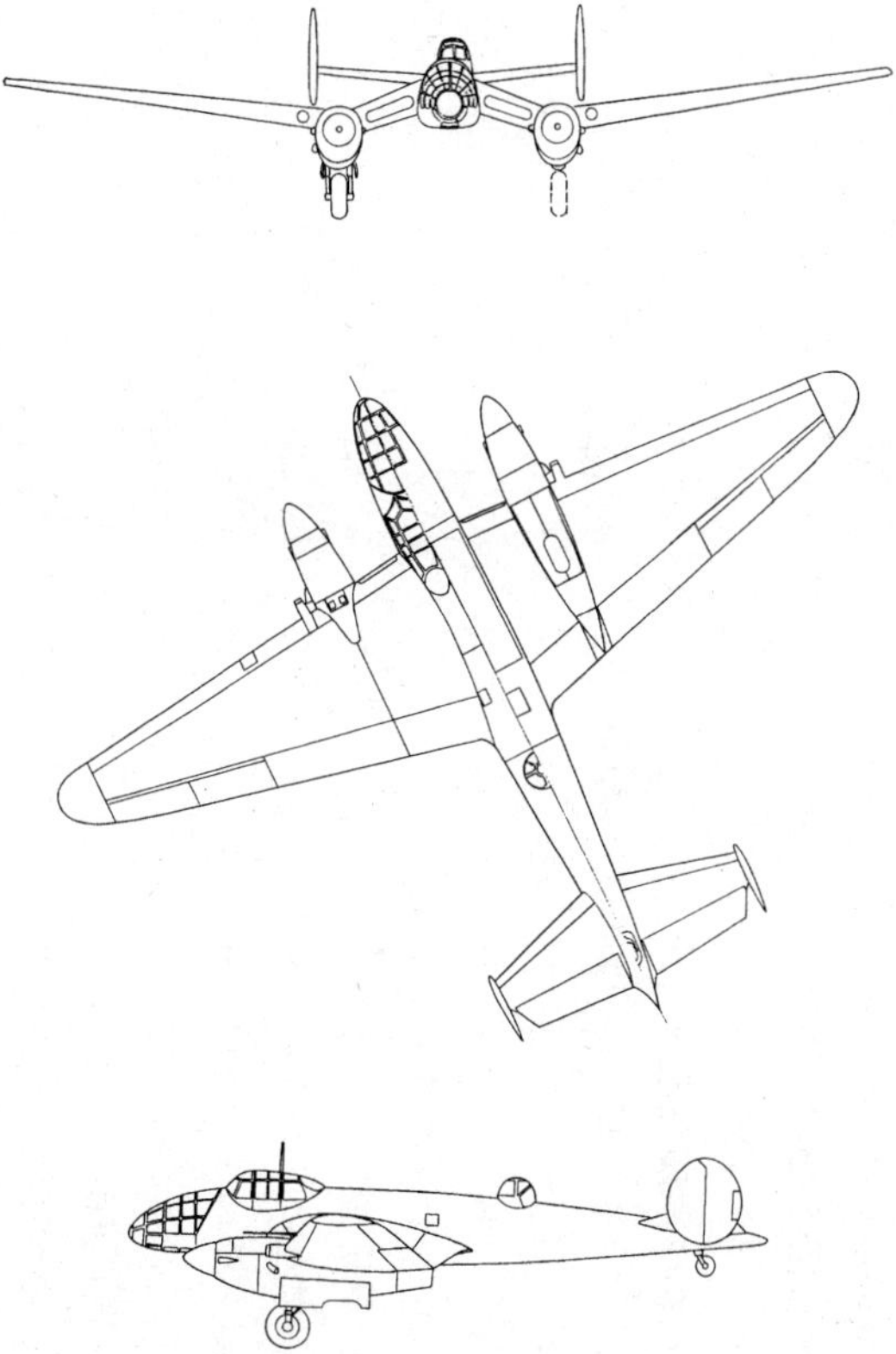

イェルモラエフYer-2/ACh-30B　エンジン：Ach-30B（1500hp）×２　全幅23.0m　全長16.42m　全備重量18580kg（最大）　最大速度420km/h（高度6000m）　実用上昇限度7200m　航続距離5500km　武装：爆弾3000kg、防御用12.7mm旋回機銃×３

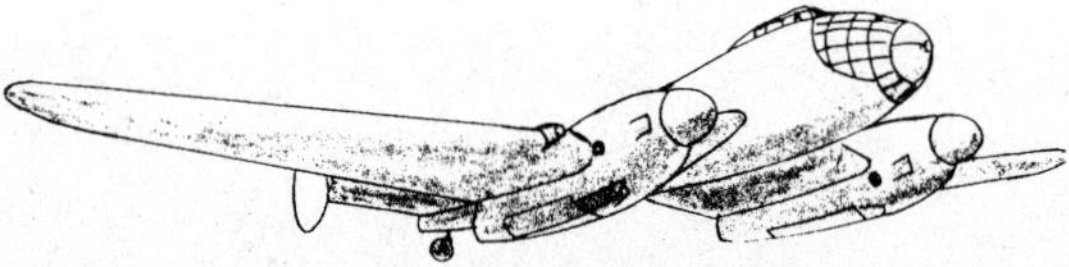

　Ｙｅｒ・2は胴体内に二〇〇〇キロ爆弾一発か五〇〇キロ爆弾を四発搭載して四〇〇〇キロという航続能力を誇った。にもかかわらず、Ｙｅｒ・2がイリューシンIℓ・4ほど広く知れ渡った存在になれなかった理由は、望ましいエンジンが得られなかったことにあるとされる。エンジンはＡＭ・35（一二〇〇馬力）、・37（一三八〇馬力）、Ｍ・40Ｆ（一五〇〇馬力）と順次換装されてゆき、主翼面積も増加されて、長距離性能および搭載能力の向上が図られた。
　Ｙｅｒ・2シリーズの決定版は一九四三年十二月に現われた一五

〇〇馬力のＡＣｈ‐30Ｂエンジンで四枚プロペラを駆動する後期生産型で、一〇〇〇キロ爆弾か九八〇キロ航空魚雷を各三発積んで五五〇〇キロも飛行することができた。防御銃座も動力銃座となり、ドイツ本土空襲にも投入されたが、このＹｅｒ‐２／ＡＣｈ‐30Ｂが実戦に用いられる頃には枢軸軍も弱体化していたため、売り物だった航続性能も必ずしも活かされた訳ではなかった。

なお、改造型では高官空輸用の旅客機型Ｙｅｒ‐２ＯＮが三機作られて就役し、初期型のエンジンをＡＣｈ‐30ＢＦに変更したＹｅｒ‐４が試作されたこともあった。

リスノフLi‐2
Lisunov Li-2

米軍が多用したC‐47系（英空軍にも多数供与され、ダコタの名で使用）、日本海軍が重用した零式輸送機は、ダグラスDC‐3を基礎とする両陣営で多数使用された傑作輸送機だった。ソ連でもボリス・パブロビッチ・リスノフがライセンス生産のスーパー・バイザーとなり、ソ連版C‐47にあたる民間型のPS‐84、軍用機型のLi‐2の生産が行なわれた。

ソ連版を作るにあたっての変更要求が退けられたのにもかかわらず、部分設計、寸法、材質、工程を含めて、ダグラス社の原図とは一二九三個所もの変更が加えられた。エンジンだけでもASh‐62IR、AV‐7N、AV‐161へと換装が相次いだ。後期の型の多くは冬の冷気をさえぎるためのシャッターを前面に持つエンジン・カウリン

265　リスノフ Li - 2

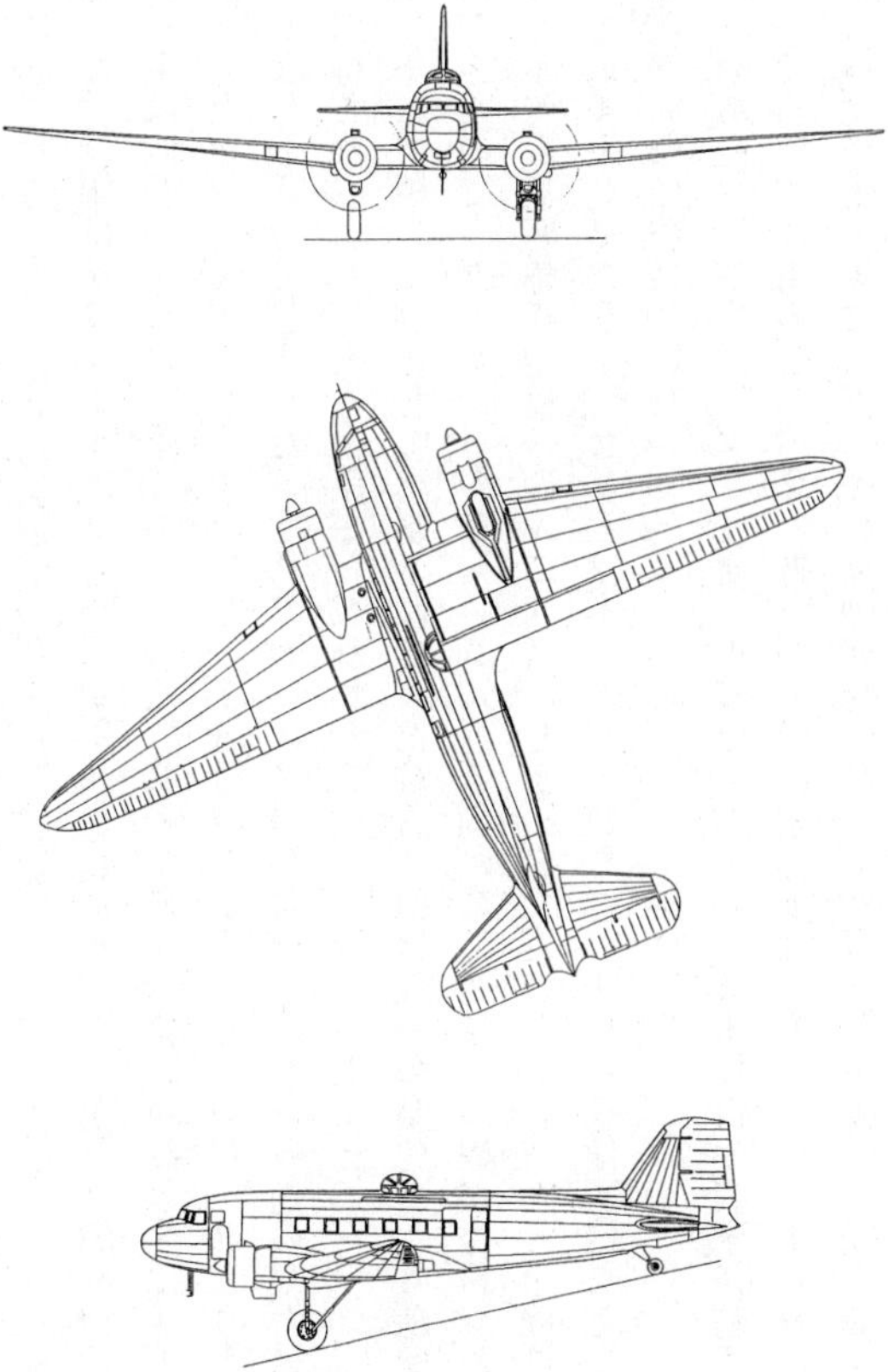

リスノフLi-2　エンジン：ASh-62IR（1000hp）× 2　全幅28.81m　全長19.65m　貨物搭載量2950kg　最大重量11280kg　最大速度300km/h（海面上）　実用上昇限度5600m　航続距離2500km

グに覆われていた。

貨物を積み下ろすための大型の扉は胴体の左側、乗客が乗り降りする扉は右側にあった。全幅はオリジナルよりもわずかに減少したが、機体が部分的に補強されたため重量は四〇〇キロほど重くなっていた。降着装置は通常の車輪とスキーとの互換性があったが、R‐1820またはR‐1830を動力としたDC‐3よりも飛行性能はかなり下回ってしまった。それでもリスノフ機はソ連の航空輸送の主力になるものと期待されており、大量生産が行なわれることになっていた。

しかし、製造工場として予定されていたGAZ84は戦争の激化により疎開することになったので、タシケントのGAZ33に引き継がれて四八六三機が作られた。

基本的な旅客輸送型は一四～二四席のLi‐2Pだったが、一九〇〇機以上も作られた最多生産型のLi‐2VPは本家のC‐47やダコタ、零式輸送機などよりもずっと攻撃的な任務についた。

兵員輸送や物資空輸、グライダー曳航はもとより、機雷掃海や爆撃任務までこなしたのである。軍用のLi‐2の外形的特徴は胴体上部の鳥籠型のターレットだったが、爆撃機型は胴体下に二五〇キロ爆弾四発やRS‐82ロケット弾一二発を装備したものもあった。また、三七ミリ機関砲を備えたり、エンジンをM‐88としたLi‐2も現

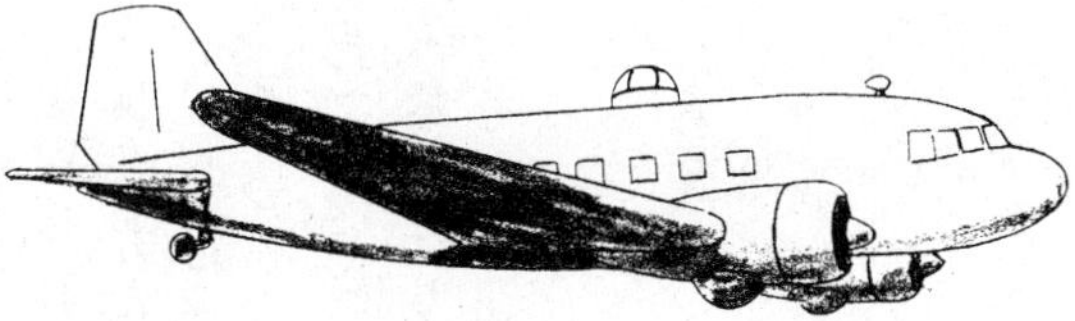

われた。

軍用輸送機としては、レニングラード戦の最中には疎開する子女や貨物、兵員の空輸に活躍し、一九四一年十二月二十五日までに六〇〇〇トンの物資、五万人以上の人員を運んだ。モスクワ攻防戦においてはわずか三〇機のLi‐2が六四四〇人の兵員と一二トンの貨物を空輸した。

これらのほかにも森林パトロールや空中消火を任務とするLi‐2LP、魚群探索用のLi‐2RP、写真撮影用のLi‐2F、気象観測用のLi‐2Mなど、様々な用途に供し得るサブタイプが製造された。Ｌｉ‐２の生産は終戦の一九四五年まで行なわれたが、これらとは別にレンドリースでアメリカ製のＣ‐47が七〇七機、一九四三年からアラスカ経由でシベリアに渡り、ソ連空軍に供与された。

戦後もテストベッド、研究用に広く使われ続けたのはＣ‐47もＬｉ‐２も同様で、Ｌｉ‐２の方はＴＫ‐19ターボチャージャー・エンジンの試験、キャタピラ式降着装置のテストにも供された。残存機は共産圏の衛星諸国など一四ヵ国に供給されたが、戦後開発されたソ連の輸送機に与えた技術的影響の面でも非常に大きなものがあった。

アムトーグGST
Amtorg　GST

広大な国土面積のソビエト連邦は海岸線の長さも長大だったので、優れた長距離飛行艇を切望してはいたのだが、結局飛行艇の分野では短距離飛行艇のベリエフMBR-2や軽飛行機のエンジンの小型飛行艇シャフロフSh-2ぐらいしか傑作飛行艇を作ることができなかった。数十機にも及んで試作された軍用飛行艇はどれも性能不足や実用面の問題をはらんでおり、それでも幾種類かは必要に迫られてとりあえず作ってはみたが、という状況だったようである（追加生産が行なわれていない）。

しかしながら、そのような寒い国のさらにお寒い軍用飛行艇事情でも何とかなってしまったウラには、アメリカ合衆国のコンソリデーテッド社の傑作飛行艇PBYカタリナをライセンス生産でき、またさらに戦争が連合軍にとって有利に進むようになると、PBYの改良型として米海軍航空工廠で生産していたPBNノーマッドなどの供給を受けられたという経緯があった。

ソ連では一九三六年にコンソリデーテッド社からPBY－1相当のモデル28を三機購入した。八八〇馬力のプラット＆ホイットニーR1830－64を動力としていたが、輸入機には無線通信や武装関連の装備は施されていなかった。この三機の輸入からPBYの輸入交渉が行なわれる一方、アムトーグはライセンス生産権を一九三七年に購入した。コンソリデーテッド社の技術者から指導を受けた後、Zav0d31工場においてソ連版のカタリナ、GSTの生産が開始された。

GSTと基になったPBY－1との外見的相違はわずかだったが、エンジンはP＆W・R1830の代わりに九五〇馬力のM－87かM－88を動力とし、エンジン・カウリング上部のオイル・クーラーの有無の違いが見られた。エンジンは後にM－62IR（八五〇～一〇〇〇馬力）が標準となったが、このエンジン換装はGSTの性能低下を招いている。

たっての希望でのライセンス国産化だっただけにGSTの離着水特性や航続性能はソ連で設計された飛行艇とは格段の差があった。だがそれにもかかわらず、ソ連海軍航空隊での本機に対する関心は薄く、GSTの生産は一九四〇年末には終わってし

271　アムトーグ GST

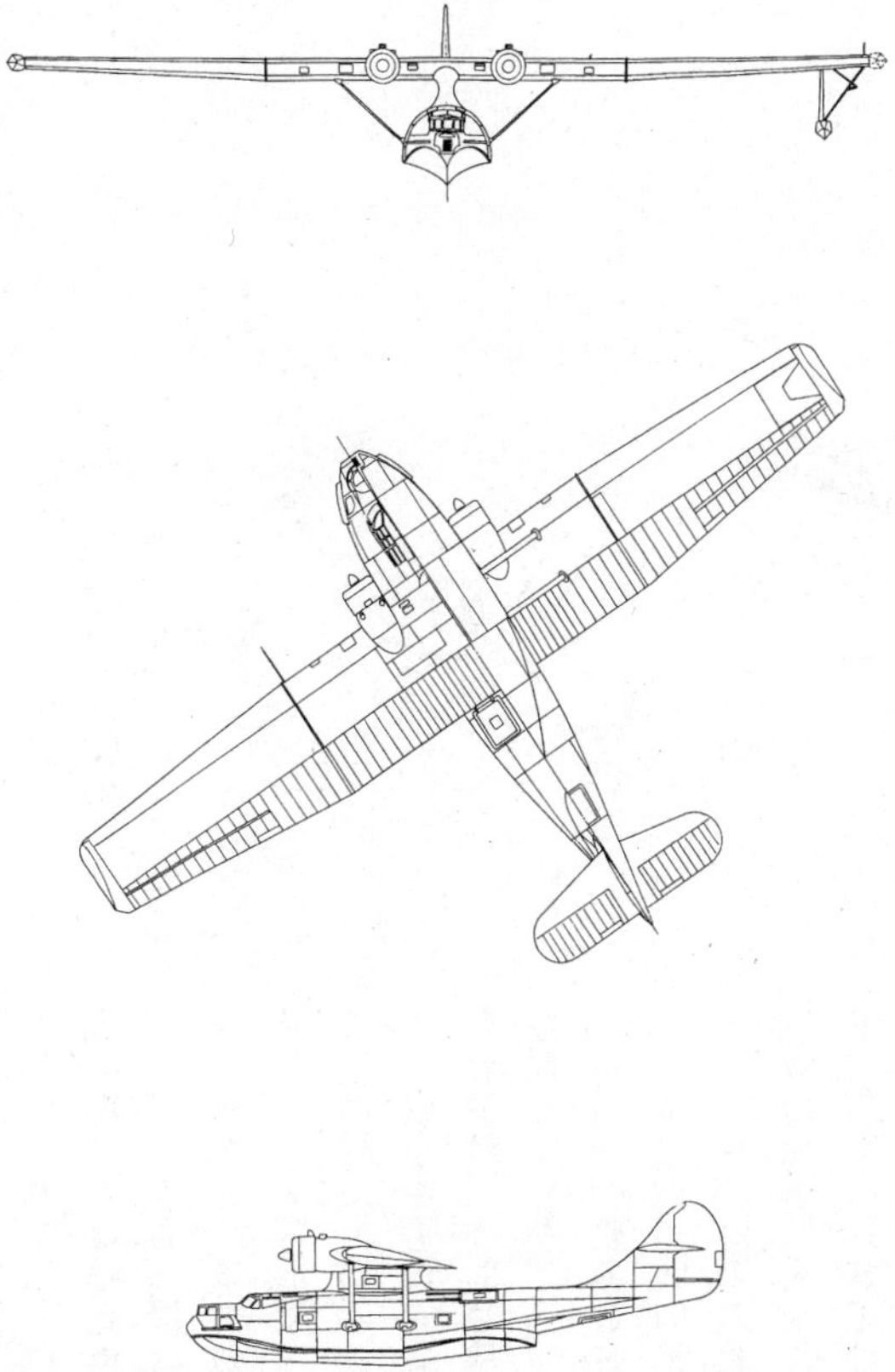

アムトーグGST　エンジン：M-87(950hp)×2　全幅31.72m　全長20.68m　全高5.54m　全備重量12250kg　最大速度329km/h　上昇限度5500m　航続距離2660km

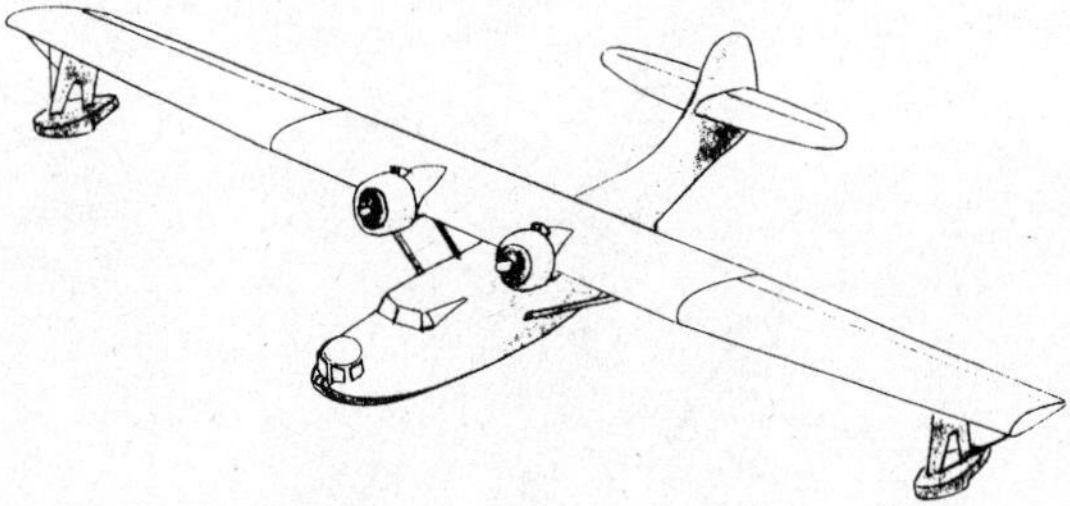

まった。一九三九年～四〇年に生産された二七機（四〇機説もあり）は輸送機型のMP・7で、うち一機はアエロフロートがシベリアの路線で運航した。旅客機型は二十数席の座席数（何機かは二五席）で、戦争中も民間機登録で使われ続け、うち数機は要人空輸機となった。

軍用飛行艇のGSTのうちの七機は独ソ戦開戦の一九四一年六月に海軍の北洋艦隊航空隊の配下に入った。ゲレンドジークのGSTは一九四二年には黒海方面で輸送や夜間爆撃にも用いられた。機銃を装備したＧＳＴも何機かあった。

ＧＳＴ系の飛行艇はソ連海軍において唯一の能力が高い長距離飛行艇だったので、ソ連国内でも独自に改良型の開発が行なわれ、後にはエンジンをＡＳｈ‐82ＦＮに強化した武装飛行艇ＫＭ‐２も少数作られたという。だが、レンドリースによりＰＢＮノーマッドが一三七機、コンソリデーテッド社のＰＢＹ‐６Ａが四八機入手できると、これらの輸入機がソ連海軍航空隊において重要な役割を果たすようになった。

ベレズニェク・イサエフBI
Bereznyak-Isayev BI

ロケットエンジン技術の世界で初期に指導的な役割を果たした指導者としてはロシアのコンスタンティン・ツィオルコフスキー、ドイツのヘルマン・オーベルト、ヴェルナー・フォン・ブラウン（後にアメリカに帰化）、アメリカのロバート・ゴダードが必ず挙げられる。とくにツィオルコフスキーは他の三人に先んじて二〇世紀に入るか入らないかの頃に「宇宙に行くための交通機関の動力は液体燃料によるロケット、それも大中小の多段式ロケットエンジンを順次作動させることにより地球の引力から離れて宇宙空間に出ることができる」という理論を作り上げていた。

結局、ツィオルコフスキーの理論は当時としてはあまりにも先進的だったので、生前に陽の目を見ることはなかったが、大戦間のドイツでロケット技術の開発を指導し

275　ベレズニェク・イサエフBI

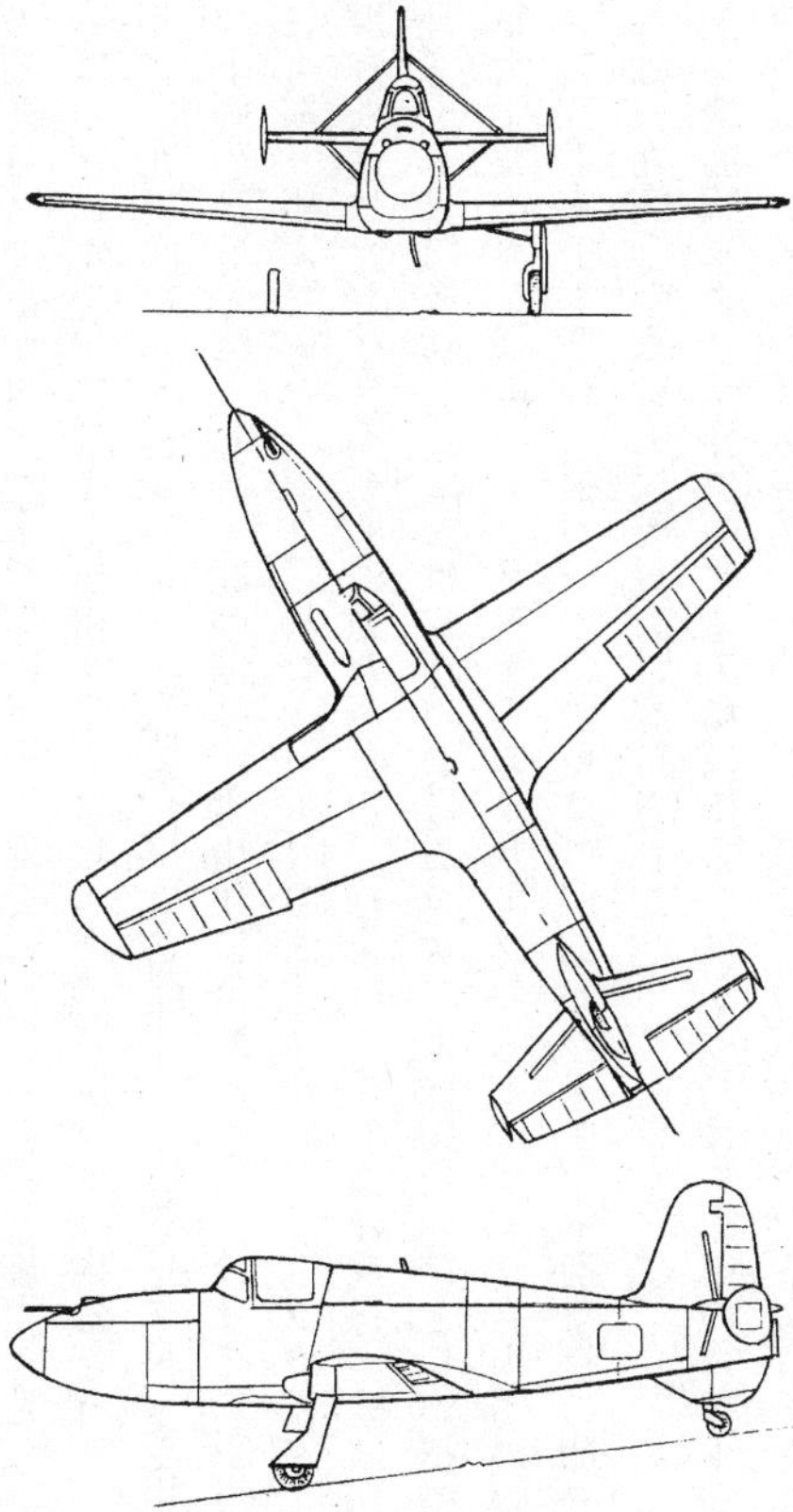

ベレズニェク・イサエフBI　エンジン：RNII・D-1A-1100（推力1100kg）×1　全幅6.48m　全長6.4m　全備重量1683kg　推定最大速度900km/h　エンジン可動時間15分　武装：20mm機関砲×2

たオーベルトの理論やフォン・ブラウンの技術指導力は第二次大戦中のロケット弾道弾や有人ロケット機の実用化に結びついた（ゴダードのロケット技術は米海軍で離陸用の補助ロケットかロケット兵器の動力系開発に用いられた程度だった）。

では、ツィオルコフスキーを祖とするソビエトのロケット技術はどうだったかというと、一九三四年からロケット技術研究所（ＲＮＩＩ）で後に空軍で多用されるロケット弾のＲＳ‐82、ＲＳ‐132の開発、実用化に努める一方、液体燃料ロケットの開発にも取り組んでいた。液体燃料ロケットＲＤＡＩ系がＳＫ‐９グライダー改造のＲＰ318有人ロケットグライダーの動力となり、有人ロケット機の飛行実験は一九四〇年二月二十八日に成功したことはソ連におけるロケット機開発のひとつの契機となった。空軍大学校のベレズニェクとＲＮＩＩのイサエフの二人は、より高出力のロケットエンジンＤ１Ａ１１００（推力一一〇〇キロ）が動力のロケット迎撃機の開発を提案し、これは一九四〇年末に人民委員会に認可された。

独ソ戦開戦により試作機の製造工場はモスクワからウラル山中のスベルドロフスクに疎開したが、ベレズニェク・イサエフ（ＢＩ）の試作ロケット機は一九四二年初頭に完成した。全金属製モノコック構造の胴体、主翼は応力外皮構造の小型機で、直線翼の主翼は二三三・八キロ／平方メートルという高翼面過重だった点も実験機止まり

277　ベレズニェク・イサエフBI

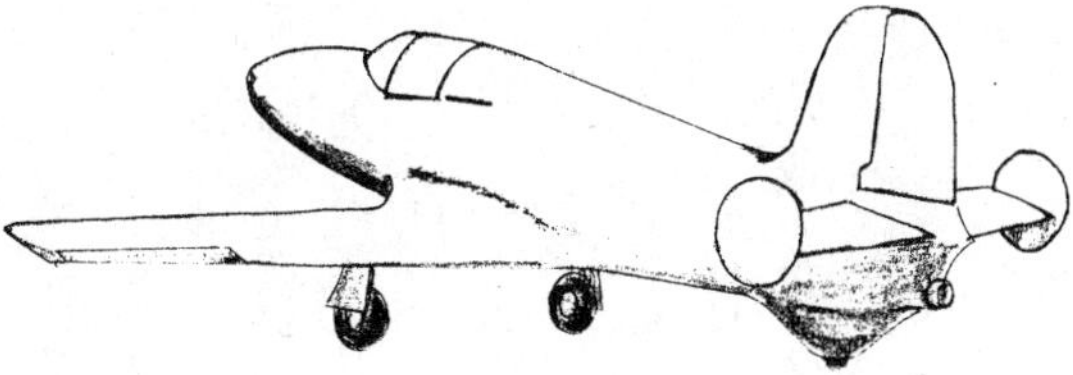

に終わったハインケルＨｅ176を連想させるものがあった。
　しかし、ＢＩ機は迎撃機としての実用化をめざしており、滑空飛行により飛行特性が確認されたのに続き、一九四二年五月十五日にはテストパイロット、バフチバンジェの操縦により初のロケット発進、飛行が行なわれた。ＢＩ機はわずか二〇メートルの滑走後、八〇〇メートルまで急速上昇して、約三分間の飛行を行なった。ＢＩ試作機は七機作られて各種テスト飛行が行なわれたが、空軍のパイロットのグリュデフは「ホウキにまたがった魔法使いのように飛ん

だ」と感想を述べた。

エンジン作動の際に燃料と化合させる液体酸素の腐食と不安定さが克服できれば実戦機化できる、との見通しから初期生産型五〇機の生産も着手されたという。高度五〇〇〇メートルまで三九秒、一万メートルまでわずか五九秒、九六〇キロ／時という速度性能は迎撃戦闘機として魅力的だった。

だが、一九四三年三月二十七日にバフチバンジェが致命的な事故に見舞われた。制御不能から頭下げの状態になってから空中分解してしまったのだった。事故原因究明の努力が払われたものの、結局、明らかになることはなく生産中止となった。

ポリカルポフ・マリョーツカやチクホンラホフなどのロケット機も計画されたが、補助動力ＲＤ‐１ロケットエンジンも含めて計画、試作段階から出ることはなかった。ＢＩロケット迎撃機は初期量産型の生産も始まっただけに最も実用化に近づいたものの、大きな失敗の後はメッサーシュミットＭｅ163Ｂのように無理な実戦投入の落とし穴にはまることはなかった。これも実用性重視のソ連のもうひとつの側面といえるだろう。

ミコヤン・グレビッチ MiG・13（I・250）

Mikoyan-Gurevich　MiG-13

ソビエトの航空技術開発を担った技術陣の間では、初期のジェットエンジン・システムに関しては懐疑的な見方が強かったようで、ジェット、ロケットといったいわゆる噴進式エンジンの技術開発はソ連では独特の歩みをたどっていた。在来のピストンエンジン戦闘機の補助動力としてのラムジェット、ロケットエンジンの効果が評価されたことなどもあったが、ＴｓＡＧＩ（流体力学研究所）のゲンリッフ・アブラモビッチ博士の指導で「加速装置」（ＶＲＤＫ）の研究が始まると、ソ連特有の「セミジェット」と呼ばれる分野の航空機の開発が行なわれるようになった。

ジェットエンジンの燃焼室に圧縮空気を送り込むための圧縮装置の駆動はガス・タービン・ジェットエンジンの場合はタービンの回転によって行なわれるが、高温高圧の燃焼ガスのジェットに耐えられる機構の工作技術の確立が難しく、各国のジェットエンジン開発もなかなかはかどらなかった。そのためこの難しい技術の開発には触れずに、ピストンエンジンで圧縮装置を駆動しようとしたのがセミジェットだった。

この発想はソ連だけでなくイタリアでも重視され、世界で初めて公表されたプロペラを持たない航空機、カプロニ・カンピーニ実験機の飛行実現につながったが、カンピーニ機のやり方ではピストンエンジンの動力の使い方に無駄が多すぎたため、ジェットエンジンでこそ達成できるはずの高速性能はとても実現できない状態だった。

これに対してセミジェットではピストンエンジンの動力は在来機同様、専らプロペラの駆動に費やされ、出力のうちの一部を圧縮装置の駆動に費やしたに過ぎなかった。空気の密度を高める圧縮比は一・一五～一・四に過ぎない、ということなのでピストンエンジンの能力の一部だけを加速装置内の圧縮機のために費やし、加速装置は一時的に高速飛行を可能にするための補助動力に過ぎない、と割り切ったのがセミジェットの考え方だった。

セミジェットの考え方は一九四三年末に発表されたが、この考え方を取り入れて試作されたのがミグI-250とスホーイI-107（Su-5）だった。I-250は一九四五年二月に初飛行を行ない、加速装置を使用した際には八二五キロ／時（高度七八〇〇

281　ミコヤン・グレビッチ MiG - 13 (I - 250)

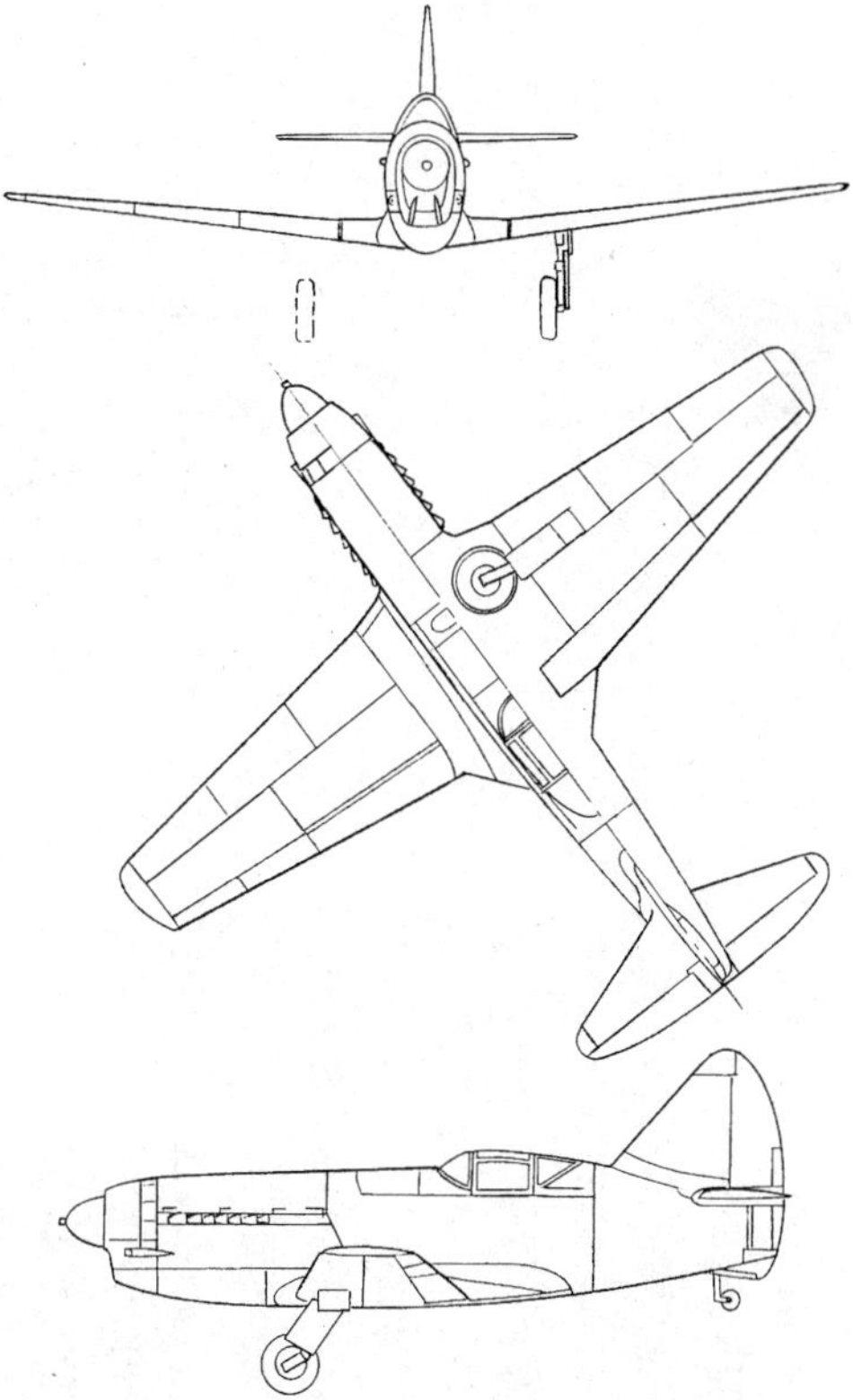

ミコヤン・グレビッチMiG-13　エンジン：クリモフKV-107A(1700hp)×1&加速装置×1　全幅11.05m　全長8.75m　全備重量3680kg　最大速度825km/h(高度7800m)　上昇限度11900m　航続距離1820km　武装：20mm機関砲×3

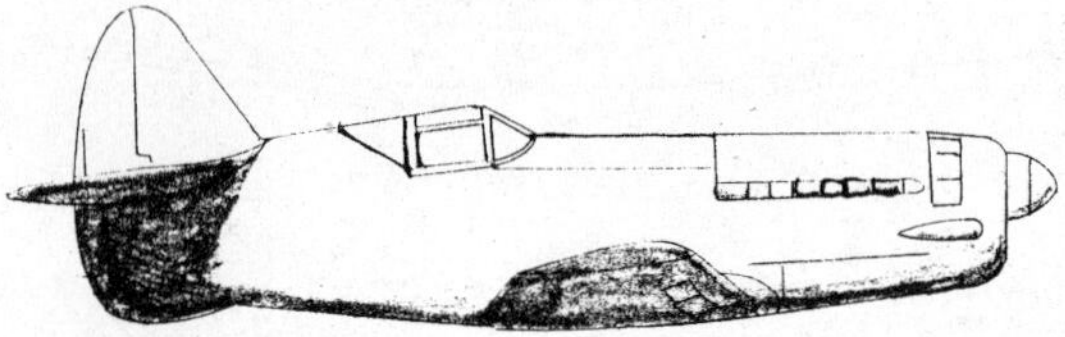

メートル）を達成したが、これはソ連機で最初の八〇〇キロ／時以上の速度での飛行だった。なお、I・250が予定した武装は二〇ミリ機関砲三門だった。I・107の方も八一〇キロ／時で飛行したが、こちらの武装は二三ミリ機関砲一門と一二・七ミリ機銃二梃だった。

戦後しばらくの間はこれら両タイプとも試作機、実験機に過ぎなかったと西側諸国に伝わっていたが、実際は十数機という少数ではあったがミグ機が部隊配備されたと明らかになった。生産されたミグのセミジェット機はMiG・13となり、ソ連海軍のバルト艦隊航空隊に配備され、一九五〇年にジェット戦闘機が配備されるまで使われ続けたとのことである。

複数の異なる原理による推進装置が使われることを複合動力と呼ばれるが、ジェットエンジン技術の確立期にはアメリカ海軍にもライアンFR‐1ファイアボールという制式機が現われた。しかしながら、アブラモビッチ博士に指揮されたソ連技術陣はFR‐1とも異なる複合動力戦闘機を作り出した。イタリアのカンピーニの技術を洗い直し、それまでの技術をできる限り活用して加速装置というシステムを作り、それを用いて当座必要とされる高速戦闘機を短期間で作り上げたのである。ヤコブレフ戦闘機やイリューシン襲撃機、ペトリヤコフやツポレフの爆撃機の活躍からみるとごく片隅の光のようになってしまうかもしれないが、MiG‐13はソ連の航空技術のもうひとつの底力を示した機体といえるだろう。

ヤコブレフYak・15
Yakovlev Yak-15

ソ連ではアブラモビッチ博士の指導による独特の補助動力機関セミジェットやロケット科学研究所でのロケットエンジンの開発のほか、ラムジェットの研究、開発、試験も行なっていたが、補助動力の域を出られず、実用性も低かった。国産軸流式ガス・タービン・ジェットエンジンの開発も独ソ戦開戦で中止されてしまった。

このように国内の技術ではジェットエンジンの実用化の道程はまだ結構あり、大戦後に技術移入により開発が本格化するかと見られていた。しかし、一九四五年が明けてソ連軍がドイツ領内への進撃を開始するとドイツの航空機工場にあったロケット、ジェット関連技術の書類はソ連に大量に渡り始めた。また、ジェットエンジンの実物そのものが捕獲されることも多かった。ドイツ空軍はジェットエンジンやロケットエ

285　ヤコブレフ Yak - 15

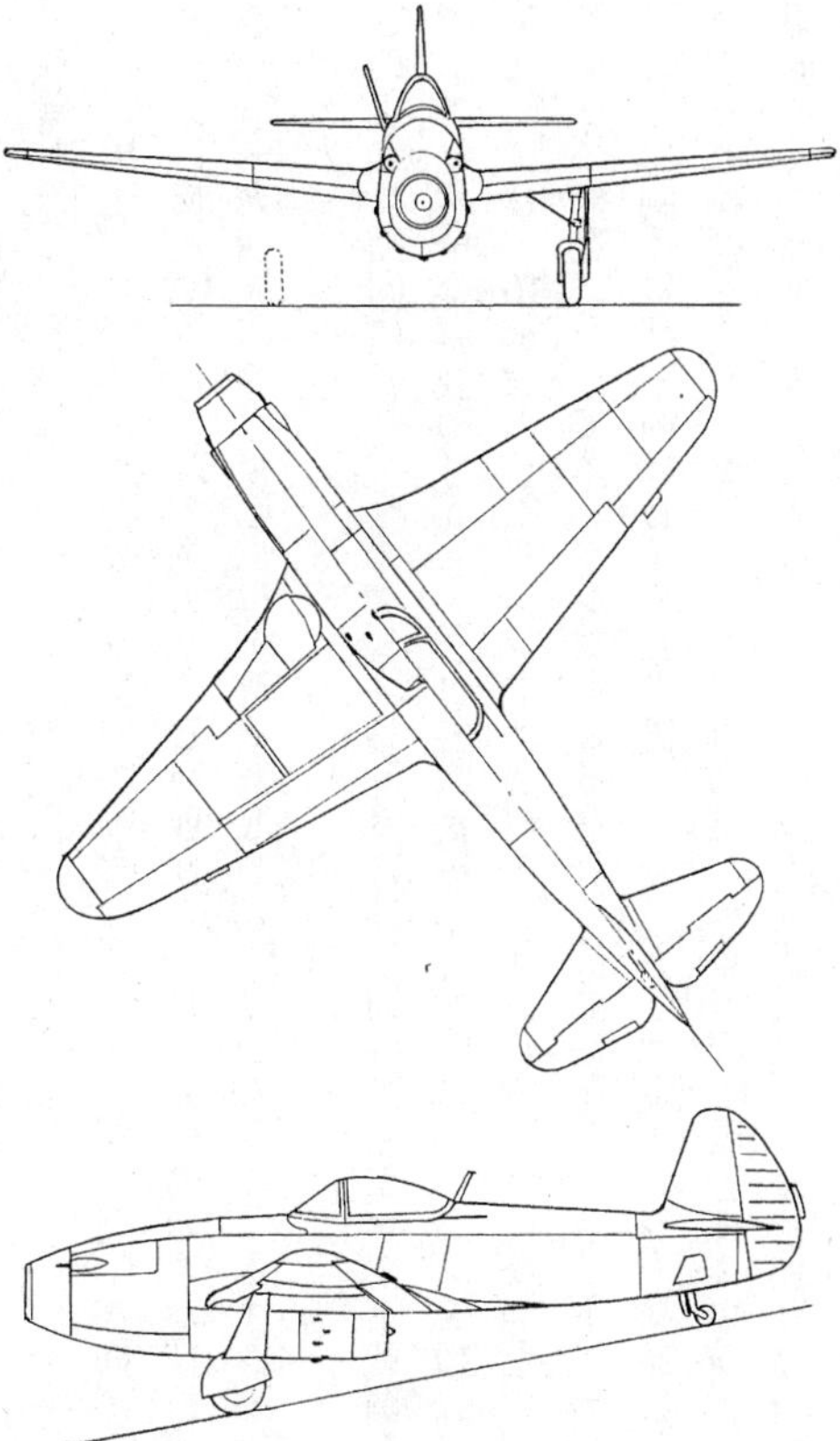

ヤコブレフYak-１５　エンジン：RD10(1000kg)×１　全幅9.18m　全長8.78m　全備重量3326kg　最大速度750km/h　上昇限度12200m　航続距離650km　武装：23mm機関砲×２

ンジンによる緊急戦闘機の開発を各航空機メーカーに指示していただけに、このような技術資料は国内にかなり分散し、ソ連軍だけでなく西側から進撃してきた米軍も懸命に収集したという。

だが、国土が地続きだった分、ソ連側の動きは素早かった。実物が抑えられたＪｕｍｏ004Ｂ（Ｍｅ262やＡｒ234の動力）やＢＭＷ003Ａ（Ｈｅ162の動力）は技術習得の対象となり、一九四五年の春夏頃にはそれぞれＲＤ10、ＲＤ20ジェットエンジンとして国産化された。

このような動向により、ヤコブレフ設計室には早期の国産ジェット戦闘機の実用化が指示され、全金属製のＹａｋ－３Ｕ戦闘機のＶＫ－107Ａエンジンを撤去し、前部胴体下部にＲＤ－10を設置したジェット戦闘機が試作されることになった。胴体の骨組みはトラス構造になってエンジン架も保持され、高温高圧のジェットのガスに耐えられるように胴体後部下面はＤＩ材に保護された。ジェットエンジン搭載により全長も伸び重心も移動したが、ヤコブレフ設計室はこのような大改造によるジェット戦闘機開発をごく短時間でやってのけ、このジェット戦闘機はＹａｋ－15となった。Ｙａｋ－15は一九四五年十月頃（まだ、ところどころの戦線での小競り合いや降伏後の侵攻行為が続いていた時期）には、飛行可能な状態になっていたという。

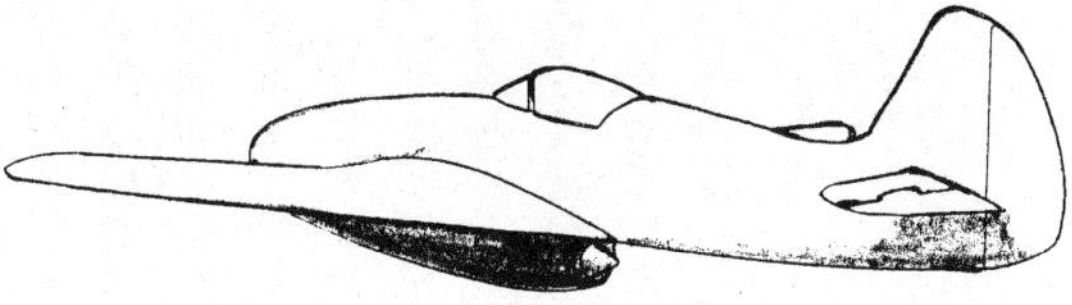

　このような在来のピストンエンジン機のエンジン換装によるジェット機化はドイツ、アメリカ、日本などでも計画されたことはあったが、実際に行なわれて実用機になった例はスウェーデンのサーブ21A系から21R系への改造ぐらいで、米ソのレシプロ爆撃機のジェット化は試作機止まりだった（英国のアタッカーはスパイトフルの翼を流用した程度）。
　もともとピストンエンジンに合わせて設計された機体をジェットエンジンに合うように改造するのだから、相当な工夫が要されるうえ、出来上がったものも高性能を得ることは難しかっただろう。それを克服してあえて強行して作られたのがYak‐15とサーブ21Rだったのである。

しかしながら、Yak‐15の初飛行が行なわれるまでには約半年も待たなければならなかった。ある種の政治的判断によりRD‐20二基を動力とするまったく新開発のMiG‐9の開発を待ち、MiG‐9が一九四六年四月二十六日に初飛行を行なった三時間後にYak‐15はようやく初飛行したと言われている。

双方とも同年夏のツシノ航空パレードで姿を現わせたが、やはりレシプロ機改造のYak‐15の完成度はMe262にも遠く及ばなかった。それでもソ連空軍のごく初期のジェット戦闘機として、各型合わせて約二八〇機生産されて、その後のジェット機時代の基礎を作る役割を果たした。Yak‐15の尾輪はジェットのガスに耐えられるように金属製になっていたが、これはYak‐15の地上での扱いの際にとくに評判が悪かったため、その後、Yak‐15Uでは三車輪式に改められ、Yak‐17へと発展していった。

その他のソ連軍機

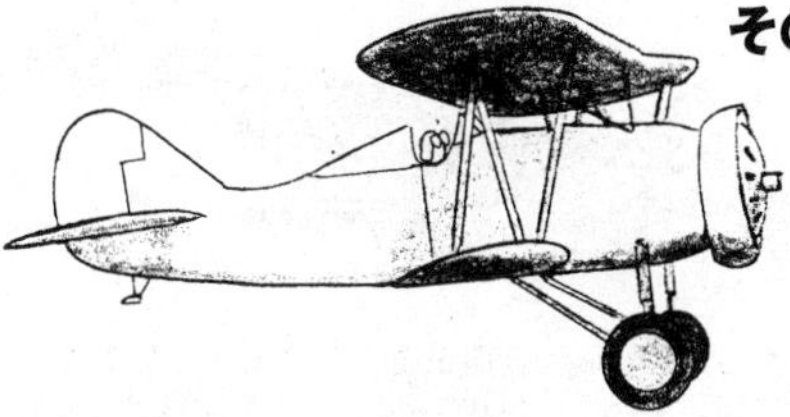

ポリカルポフI - 5　複葉戦闘機の最終段階の傑作機ともいえるI - 15系の開発にはI - 5の開発経験が活かされていたが、I - 5そのものは平凡な複葉機だった。それでも製作機数が多かったため、独ソ戦開戦の頃でも後方任務でI - 5はまだ使われ続けていた。

ヤコブレフAIR - 6　ヤコブレフ設計室ではあの一連の戦闘機を開発する以前に練習機を作っていたが、それとは別にAIR - 6軽輸送機を開発していた。1930年代初期の設計だったが、大戦の時期でも官民で広く使われていたもうひとつの傑作機だった。

カリーニンK - 5　1920年代末期に開発されたきれいな楕円形の主翼が印象的な単発旅客機だったが、用途は広く、寿命も大変長い傑作機だった。大戦の頃には官民で輸送機として使用されただけではなく、パルチザン支援の夜間爆撃機としても使用された。

ボルコビチノフDB - A　ソ連の情報公開が積極化するまで正しく伝えられにくかった4発大型機である。内側のエンジンナセルはほとんどズボン式だが、一応主車輪は引き込まれる。重爆撃機として十数機が生産されたが、輸送機としての使用に留まったようである。

OOS・Stal - 3　4人の乗客を運搬できるStal - 2から発達したスケールアップ、簡易生産型で、6人までの乗客を運べるようになった。1935年～36年に79機が生産され、アエロフロートに続いてソ連空軍が後方でStal - 2と同様に多用途要務機として使用した。

ツィビンTs - 25　57mm対戦車砲やジープなど2.5トンのペイロードを運搬する軍用輸送グライダーの要求にもとづき開発される。1945年になってから数機が製作され、モスクワを基点とする民間路線を作ろうとしたり、動力推進型が試作されたこともあった。

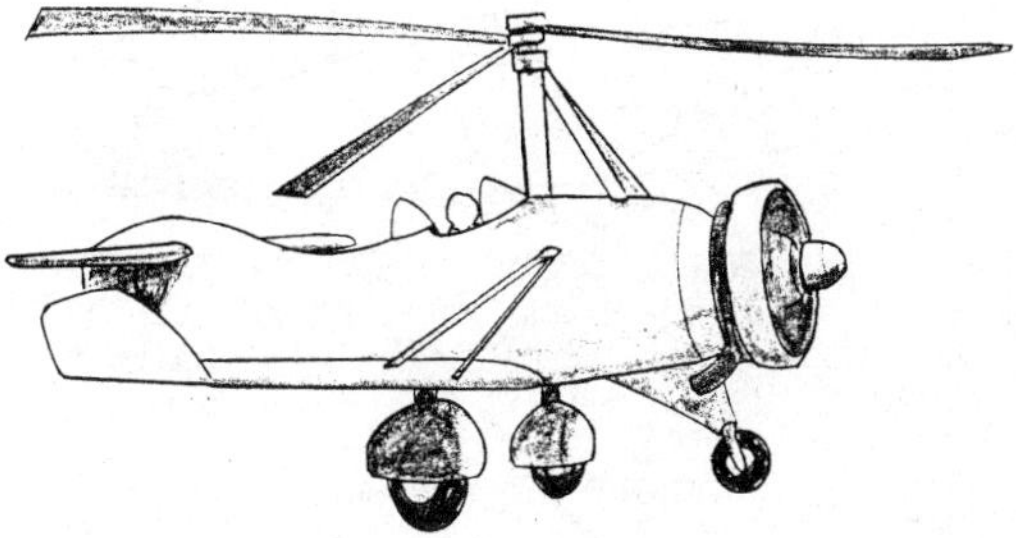

CAHI・A‐7　戦後、ソ連のヘリコプター開発をリードしたN.I.カモフは大戦間から大戦中の時期、オートジャイロを開発するグループに参加していた。いずれも実験機、研究機のレベルだったが、カモフによるA‐7ジャイロは少数の生産ながら、ノモンハンの国境紛争や独ソ戦で実戦投入され、回転翼機の可能性を示して見せた。

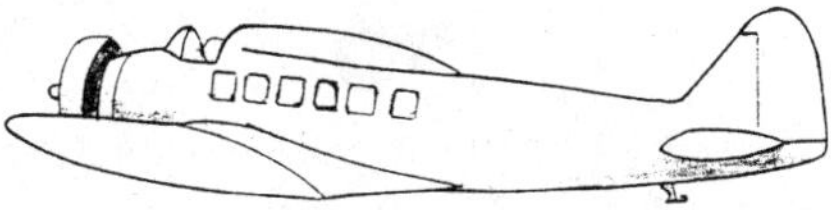

カーコフKhA Ｉ‐1　R‐10偵察爆撃機を設計したネーマン技師によるモノコック構造の単発旅客機(乗客数は６名)。43機作られた旅客機型から２機が改造されて、機銃を備えて200kgの爆弾搭載が可能な爆撃練習機KhA Ｉ‐1Bが試作されたこともあった。

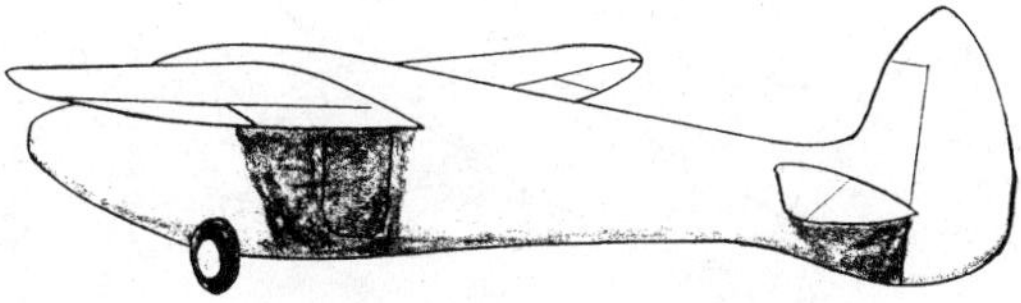

アントノフA‐7(RF‐8)　独ソ戦が迫る1940年末に採用が決まった軍用輸送グライダー。SBに曳航され、通常は６名の武装兵を運ぶグライダーで、1941年５月から約400機が量産され、一部は実際にドイツ軍の前線ラインより後方に侵攻するために用いられた。

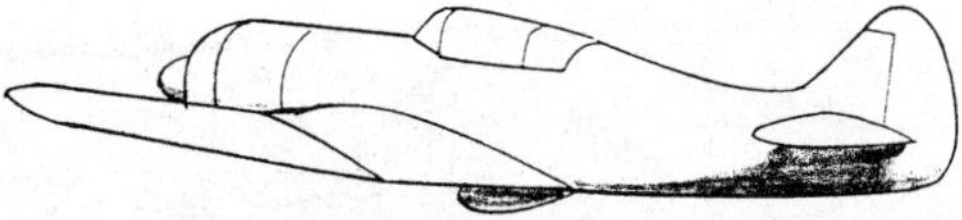

ラボーチキンLa-126　La-5、La-7に続いてさらに高性能の戦闘機が開発されていた1944年中頃にLa-126が試作され、武装が施されないLa-130の試作に続いてLa-9が生産されたが、La-9の量産型が現われたのは戦後のことだった。

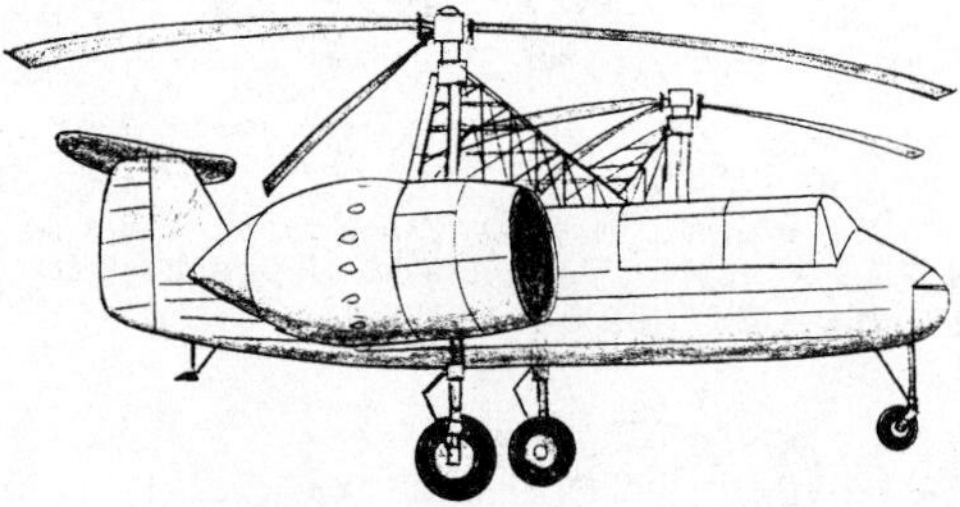

ブラツキン・オメガG-3　大戦中のソ連のヘリコプターについてはオメガII(G-2)、G-3の開発、飛行テストが行なわれていた。G-3はテストの後に空軍で習熟飛行に用いられたが、出力が不足気味だったので、戦後、G-4によって実用性向上が図られることになった。

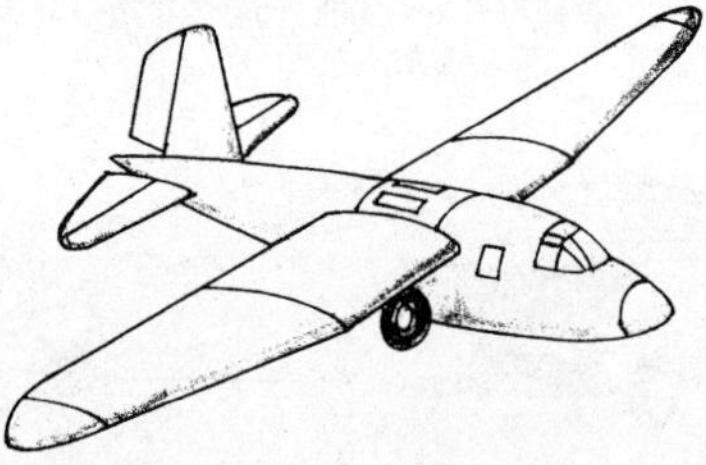

グリボフスキーG-29　A-7と競作された軍用輸送グライダーだが、A-7よりも寸法的にはやや小さめで、1941年末から約100機が量産された。G-29を基に作戦後に自力帰還できるエンジン付きのG-30も試作されたが、初飛行後に飛行テストが行なわれなかった。

ポリカルポフTIS（試作機）　TIS（A）は後にPe‐8となるTB‐7を護衛するために計画された護衛重戦闘機。より強力なエンジンの多用途戦闘機TIS（MA）も試作されたが、ポリカルポフが死亡したことによりともに量産されることはなかった。

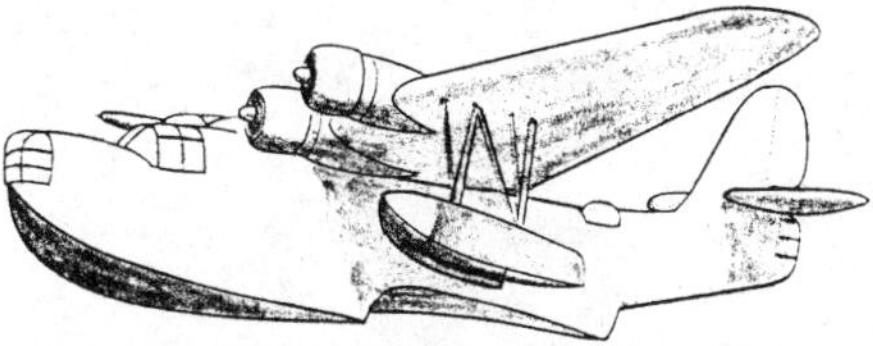

ツポレフANT44（試作機）　2機だけ作られた4発大型飛行艇。2機めのANT44bisは水陸両用型だった。とくに難点もない実用性が認められる大型飛行艇だったが、他の戦闘用機種の量産が重視されたため量産されず、黒海方面で輸送機などとして使われた程度だった。

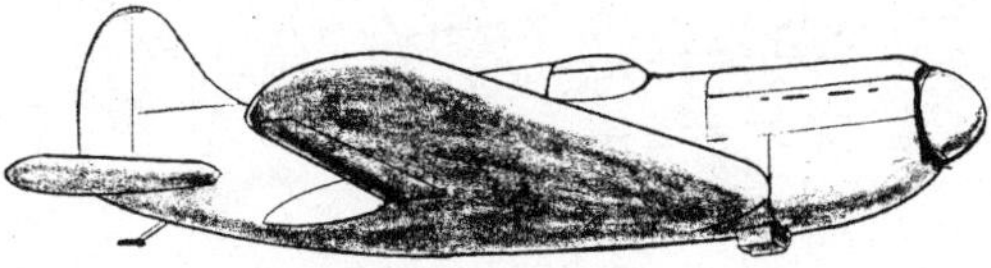

ポリカルポフI‐17（試作機）　広く長く使われたI‐16に続いて計画されたI‐17は全金属製で、液冷エンジンに合わせてスマートな胴体が予定されていたが、量産されることはなかった。試作機3機に続き、TB‐3の親子機から空中離発着されるI‐17Zの計画もあった。

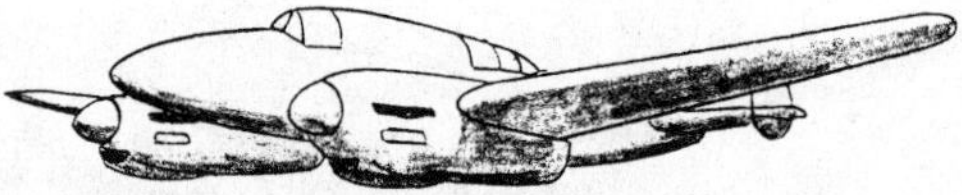

ペトリヤコフVI - 100(試作機)　ターボ過給器付きエンジンと与圧室を備えた高々度戦闘機試作機。Pe - 8の開発難航により装備を改訂したPB - 100　3座急降下爆撃機も試作された。これらの開発経験はPe - 2爆撃機からPe - 3双発戦闘機が作られる際に活かされた。

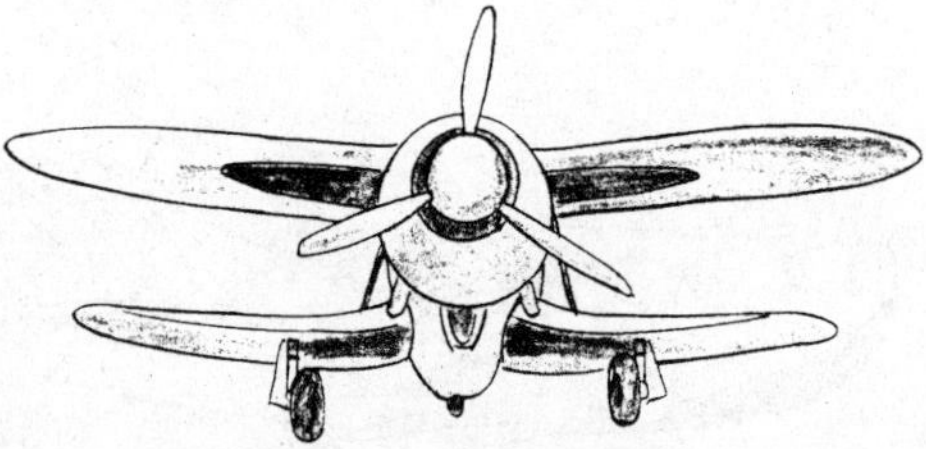

ニキツィンIS - 2(試作機)　複葉／単葉可変翼機である。主車輪を下翼に引き込み、さらに下翼そのものを上翼下面に引き込むのである。単葉機の速度性能と複葉機の運動性能の確保にニキツィンはこだわり、IS - 1、- 2の試作に続き、- 3、- 4まで計画したという。

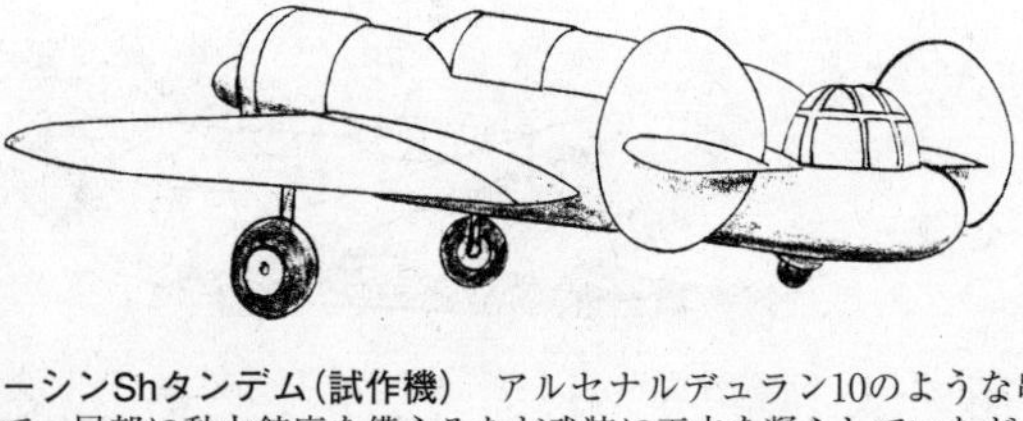

グルーシンShタンデム(試作機)　アルセナルデュラン10のような串型翼機で、尾部に動力銃座を備えるなど武装に工夫を凝らしていたが、横安定性の確保に手間取ったようで、飛行試験の際にいくつか形の異なる垂直尾翼に交換されていたようである。

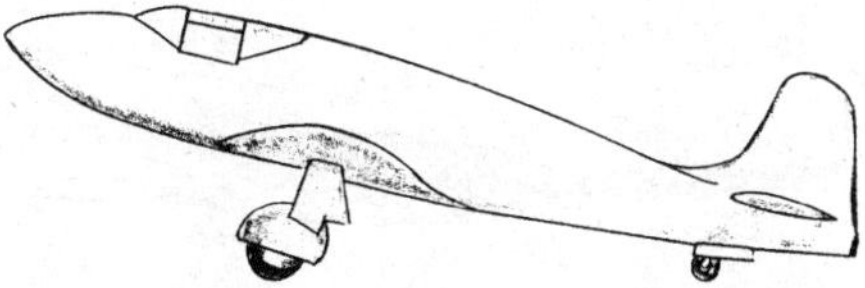

チコンラホフI‐302(試作機)　BI同様、ロケット迎撃戦闘機として計画されたが、静止試験や滑空テストに留まったようである。フロロフ4302という主翼が全くテーパーしないロケット戦闘機も試作されたが、やはり本格的なロケット動力飛行は行なわれなかった。

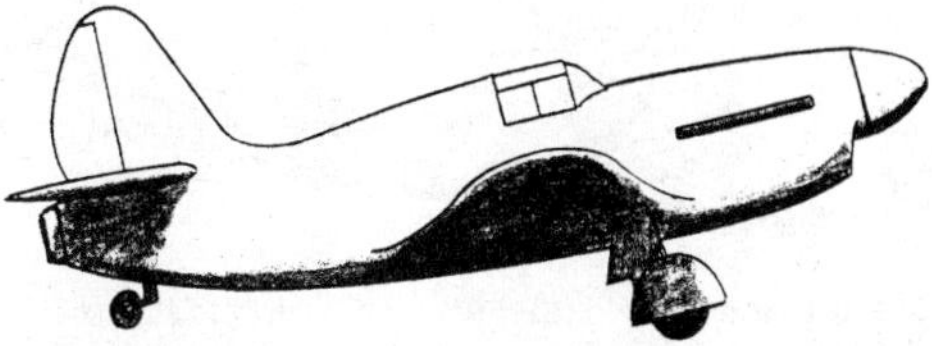

スホーイSu‐5(試作機)　MiG‐13とともに競作された、加速装置(アブラモビッチ博士の考案した補助ジェットエンジン)付きの複合動力戦闘機(I‐107)である。MiG‐13に続いて最大速度810km/hを達成したが、量産発注は行なわれなかった。

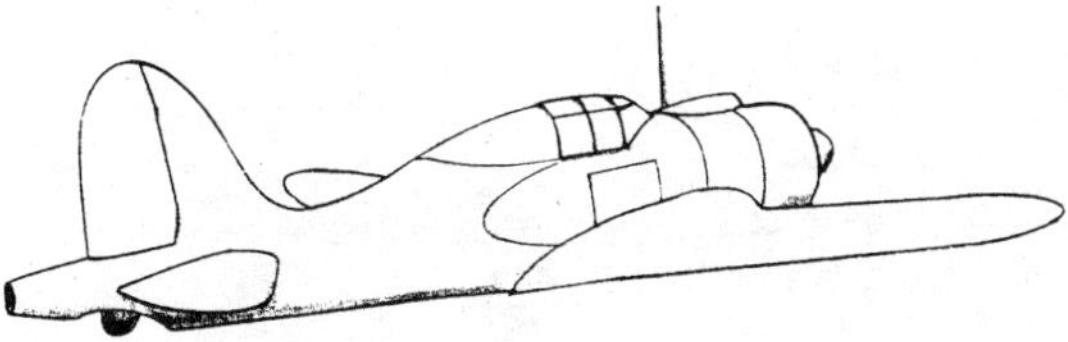

スホーイSu‐7(試作機)　胴体尾部にRD‐1ロケットエンジンを装備した複合動力戦闘機。だが、機体そのものがSu‐2からいくらも進歩していなかったためかRD‐1を作動させても705km/h(高度12000m)と在来の高性能レシプロ機と大差ない速度性能だった。

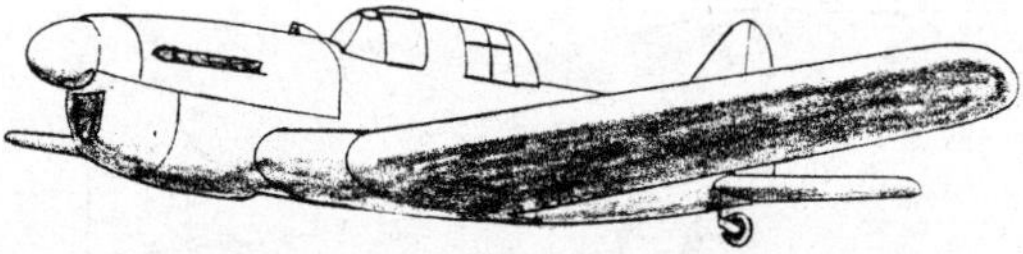

スホーイSu - 6(試作機)　満足できる軽爆撃機とはいえなかったSu - 2を改良した試作軽爆撃機。操縦席と後方銃座はIℓ - 2のように接近し、性能面でも格段の進歩が見られたが、実戦部隊が渇望するIℓ - 2の生産ラインの維持が重視されたため量産には到らなかった。

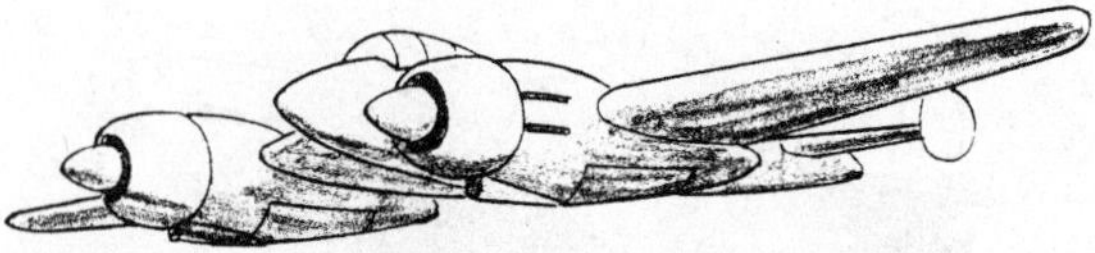

ミコヤングレビッチMiG - 5(試作機)　DISとも呼ばれた双発戦闘機原型。操縦席は胴体の最前部近くにあり、そのすぐ左右から両翼端にかけて大きく後退する主翼前縁が印象的な変わった平面形だった。続いてDIS - 200という双発の長距離戦闘機も試作されたが、量産されなかった。

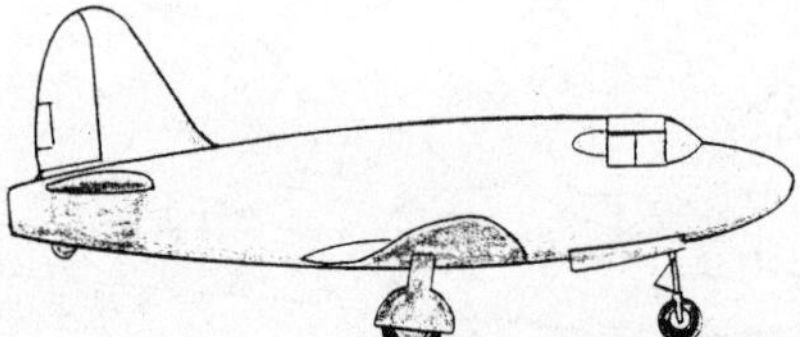

ポリカルポフ・マリョーツカ(計画機)　ロケット戦闘幾はドイツ空軍で実用化されたが、ソ連での研究、開発も盛んだった。最も実用化に近かったBIに並行してマリョーツカ・ロケット戦闘機も提案されていたが、ポリカルポフの死により試作機の製作にも到らなかった。

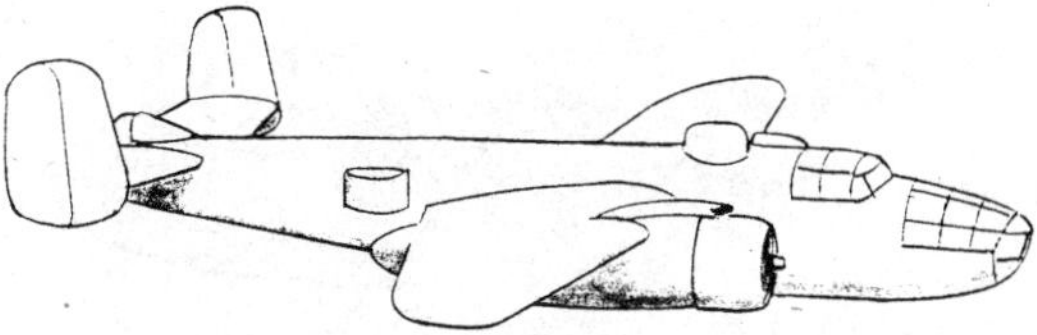

ノースアメリカンB - 25J（アメリカ合衆国）　レンドリース（武装貸与）の協定により相当数のアメリカ製軍用機がイギリスに供与されていたが、独ソ戦の激化により米英の軍用機もソ連に供与されるようになった。B - 25Jの供与は比較的後になってからで1944年頃、860機程度が送られた。

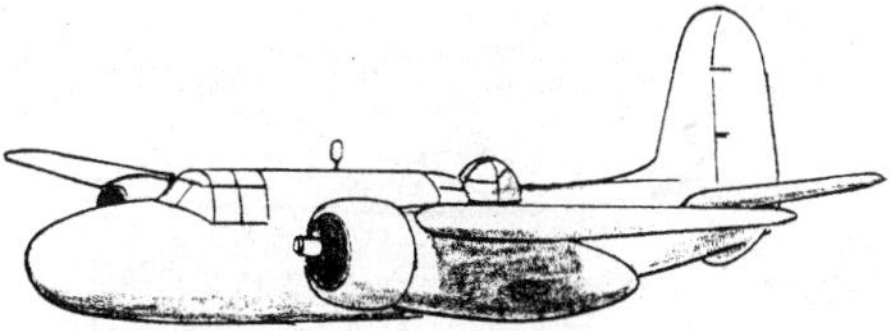

ダグラスA - 20G（アメリカ合衆国）　1942年頃からA - 20B、C、G相当を2900機も送られたため、様々なソ連空軍流のアレンジが施され広く使用された。ソ連製の巨大な動力銃座に換装されたものや、なかには航空魚雷搭載型、機雷敷設型まで現われた。

ダグラスC - 47（アメリカ合衆国）　Li - 2としてライセンス生産が行なわれていたが、大戦後半にはアメリカ製のC - 47も供与されるようになった。より強力なエンジンを備え、かつ元の設計に乗っ取った製作だったため、Li - 2よりも性能的にはかなり優れていたようである。

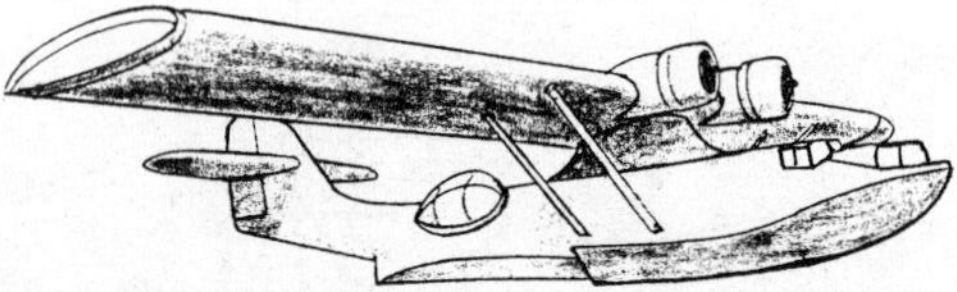

米海軍航空工廠PBN(アメリカ合衆国)　PBYも初期型がアムトーグGSTとしてライセンス生産されていたが、積極的に量産されることはなかった。それでも大戦後半には米海軍航空工廠製のPBNがソ連海軍に供与されたため、軍用飛行艇が逼迫することはなかったようである。

ベルP‐39Q(アメリカ合衆国)　米英では戦闘機としては二流機扱いだったP‐39も、ミッドシップエンジンによる低空での運動性の良さや大口径のモーター・カノンの威力により、対戦車攻撃、地上攻撃にと大活躍できた。量産されたうちの半数に近い4700機以上がソ連に供与された。

ベルP‐63A(アメリカ合衆国)　高々度性能の改善により米陸軍での採用を狙ったP‐63も製作された3300機のうち2500機近くがソ連空軍に供与された。P‐39ほどの活躍をしたかどうかは定かではないが、P‐63の活躍の場がソ連空軍だったことには違いないようである。

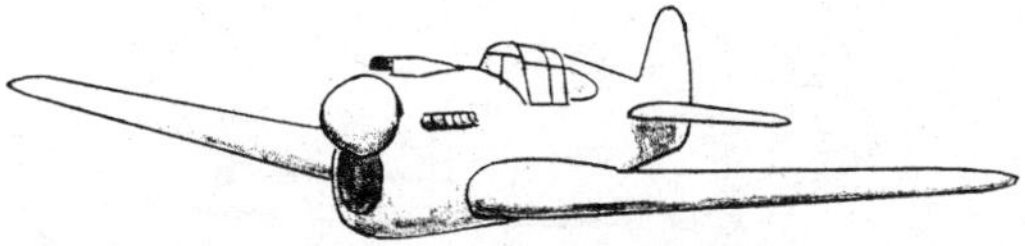

カーチスP‐40E（アメリカ合衆国）　高性能の戦闘機が揃っていなかった頃、頑丈さが評価されてP‐40は各型合計14000機近く生産された。ソ連にも2000機以上供与されたが、さすがにソ連でもP‐40の評価は低かった。「何でこんなのがそんなに沢山作られたのかわからない」とこき下ろされたという。

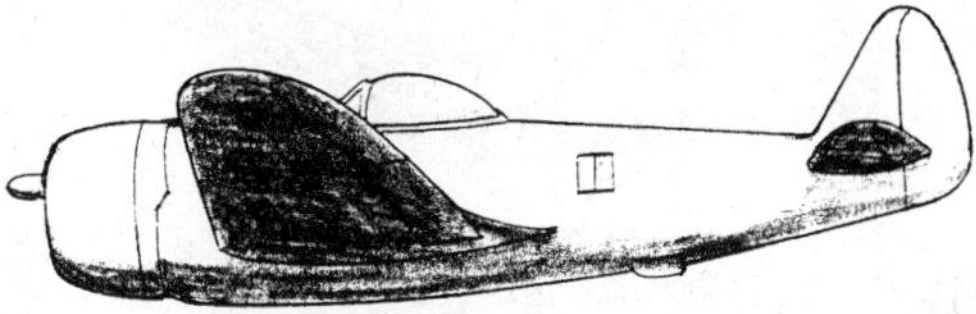

リパブリックP‐47D（アメリカ合衆国）　P‐47D‐27が大戦末期に200機近く供与された。西ヨーロッパの航空戦では搭載能力の大きさから戦闘爆撃機として活躍したのだが、東部戦線でもP‐47が対地攻撃能力を発揮できたのかどうかはわかっていない。

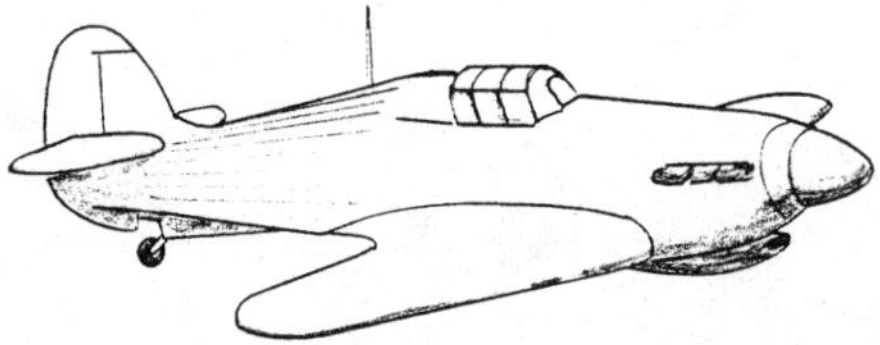

ホーカー・ハリケーンMk.2（イギリス）　ソ連空軍への米英からの武器支援で最初に供与されたのがハリケーンだった。ソ連空軍の部隊に属するハリケーンで戦って見せた英空軍のパイロットは枢軸国機を撃墜しソ連兵を喜ばせたが、撃墜する度に賞金が出るソ連空軍の慣習にたまげたという。

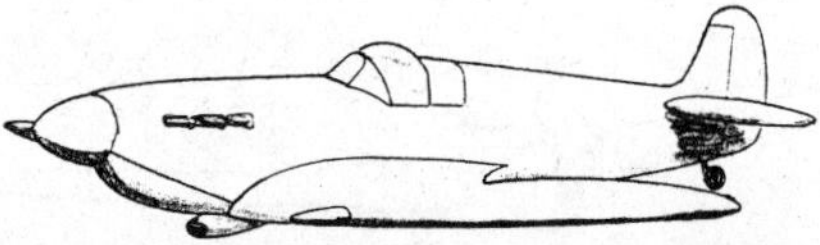

スーパーマリン・スピットファイア(イギリス)　英空軍の花形戦闘機・スピットファイアもMk.5ほかのタイプが1300機以上も供与された。かなりの機数だったのでさぞ活躍しただろうと思うが、ソ連空軍での評価はP - 39やB - 25ほどではなかったという。まさしく所変わればの働きだったようである。

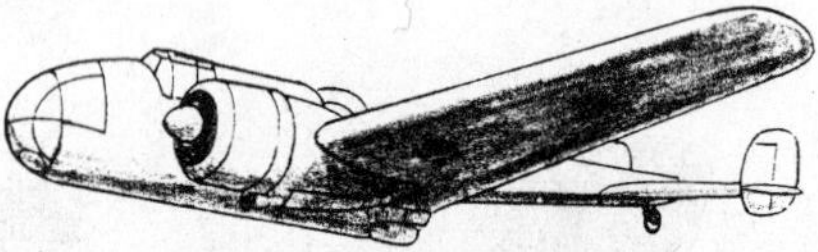

ハンドレページ・ハンプデンTB1(イギリス)　米英からソ連に供与された軍用機の数は合計20000機前後だったので、46機というハンプデンの供与数はごく少数だが、航空魚雷を搭載してドイツ艦艇の攻撃に活躍した。泣き所は武装の弱さだったが、機種と後部胴体下面の武装は強化されていた。

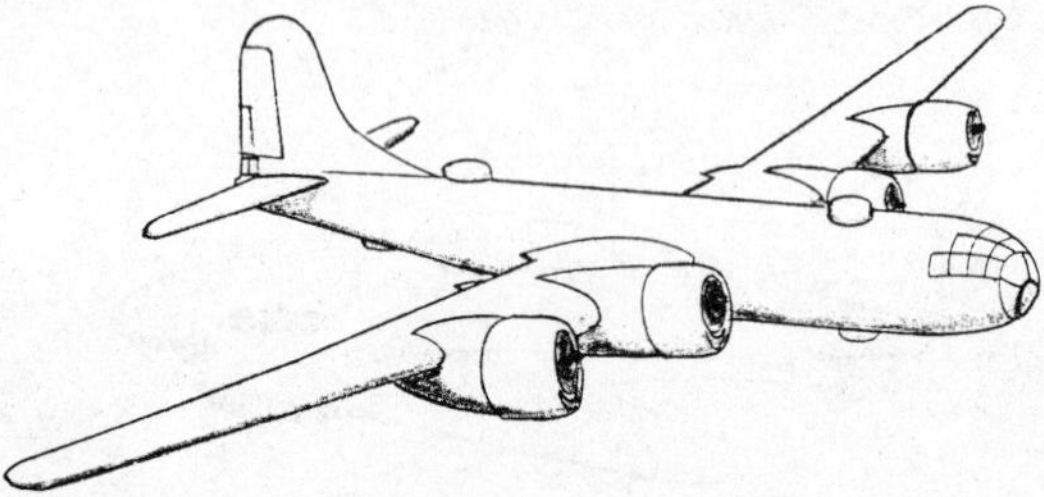

ツポレフTu-4　ボーイングB - 29がソ連に供与されたことはなかったが、日本空襲後に大陸に逃れたB - 29は対日参戦前のソ連に捕獲されてアメリカには返還されなかった。ソ連ではB - 29を徹底的に研究して海賊版ともいえるTu - 4を開発したが、このTu - 4は戦後、米ソ冷戦時のソ連戦略爆撃機の源流となる皮肉な存在になった。

ソビエト軍用機のインシグニア

○上段マークはソビエト連邦軍用機に最も多く用いられた赤い星のインシグニア。
○中段マークは、赤枠の間に白が入る。下段は赤い星の外側に黄色の縁取りが付けられた。それぞれ赤い星のバリエーション。

あとがき

日本機以外でも「市民権」が与えられているであろう第二次大戦中の軍用機は、ドイツ、アメリカ機と、少数の英軍機に限られていたと言っては言い過ぎだろうが、プラモデルの発売などにより一部の仏伊ソ連機も知られるようになりつつもある。だが、まだ、ヤコブレフ戦闘機やイリューシン襲撃機など、商業ベースに乗りやすいものに限られているようでもある。ソ連軍用機の存在がプラモデルや輸入資料でジワリジワリと知られるようになるのと、これらもう一方の大戦機の存在が風化するのと、どちらがより早いかの追いかけっこだろう。

もっとも、ソ連機の場合、長期にわたる「冷戦」のあおりで、大戦機ですら資料の公開などがままならず、誤って伝えられていたものも少なくなかった。その意味では旧ソ連の大戦機の紹介は「これから」のことでもある。

とくに日本の場合、一九三九年夏の中国北東部で起こったノモンハンの戦闘は長きにわたって隠され続けたうえ、太平洋戦争での無条件降伏のわずか一週間前にソ連軍が宣戦布告して満州に攻め込み、かつ、降伏後に歯舞、国後、色丹、択捉の各島が占領されたことによる、心情的な「カベ」もソビエト連邦という国を遠い存在にした原因でもあるだろう。

しかしながら、近年、明らかになってきた旧ソ連、大戦機の資料等を調べてみると、この国の大戦機が思いのほか興味深い存在であるとの感想も得られた。独自に開発が続いたロケット機や混合動力機などは、やがてドイツからの革新的なジェットエンジン技術にとって代わられたが、ほかの国にはないソ連での噴進式エンジンの開発史には閉塞状況の技術の打破の努力がしのばれる。また、全金属製航空機が全盛の時代にあえて木製構造での生産を考慮する生産体制には「軍用機の数はこうやって揃えるもの」という示唆がある。新技術に捕らわれて深みにはまらずに、非戦闘用の航空機も場合によっては武装して軍用機として用いる骨太さには、ソ連軍の戦争プロフェッショナルの恐ろしさすら感じられた。

ここで取り上げた五〇機のうちの四五機は設計室名のアルファベット順（一部派生

機は連続している）で、それらにライセンス生産されソ連機としての色あいが深まった二機と、ジェット、ロケット関連の三機を続けた。当然、これら五〇機で大戦中のソ連軍用機の全体像が明らかになる訳ではないので、その他の軍用機や試作機、輸入機なども「その他のソ連軍機」として掲げることにした。

参考文献＊航空情報編集部「仏・伊・ソ軍用機の全貌」酣燈社　１９６５年＊航空情報編集部「図面でみる第2次大戦世界の戦闘機」「図面でみる第2次大戦世界の爆撃機」「図面でみる第2次大戦世界の攻撃・偵察機」酣燈社　１９６５―６９年＊Munson, Kenneth「第2次大戦戦闘機」「第2次大戦爆撃機」「第1次第2次大戦間戦闘機」「第1次第2次大戦間爆撃機」「飛行艇および水上機」鶴書房　１９７０―７１年＊Green, william「ロケット戦闘機」サンケイ新聞社出版局　１９７２年＊「丸」編集部「世界の軍用機」潮書房　１９７４年＊Angelucci, Enzo & MatricardI, Paolo「航空機第二次大戦Ⅱ」小学館　１９８１年＊航空情報編集部「第2次大戦世界の戦闘機隊」酣燈社　１９８７年＊「第2次大戦ソ連軍用機写真集」（ミリタリーエアクラフト　１９９７年11月号別冊）デルタ出版　１９９７年＊「東部戦線航空戦Ⅰ　１９４１～１９４３」「同・Ⅱ　１９４３～１９４５」（エアコンバット・シリーズ1、2）デルタ出版　１９９８年＊Valuev, Nikolai「ツアギの〝セミ・ジェット〟戦闘機」（「航空情報」8月号 No.601）酣燈社　１９９４年＊「ポーランド電撃戦」「バルバロッサ作戦」「クルスク機甲戦」「ベルリン攻防戦」（歴史群像・欧州戦史シリーズ№1、4、7、10）学習研究社　１９９７―１９９９年＊「週刊エアクラフト」各号　同朋舎出版＊Gunston, BIll "Osprey EncycloPedia of Russian Aircraft 1875-1995" Osprey Aerospace 1995 ＊ Andersson, Lennart "Soviet Aircraft and Aviation 1917-1941"Putnam Aeronautical Books c1994 ＊ Green, William & Swanborough Gordon "The Complete book of fighters" Smithmark Pub. 1994 ＊ Stapfer, Hans-Heiri "Yak Fighters in action" Squadron/Signal Pub. c1986 ＊ Stapfer, Hans-Heiri "Polikarpov Fighters in action Pt.1", "ditto Pt.2" Squadron/Signal Pub. c1995, c1996 ＊ Stapfer, Hans-Heiri "Iℓ-2 Stormovik in action" Squadron/Signal Pub. c1995 ＊ Stapfer, Hans-Heiri "LaGG Fighters in action", "La 5/7 Fighters in action" Squadron/Signal Pub. c1996, c1998 ＊ Nowarra, Heinz J. "Russian Fighter Aircraft 1920-1941" Schiffer Pub. c1997 ＊ Gordon, Yefim & Sweetman, Bill "Soviet X-PLanes" Motorbooks International Pub. c1992 ＊ Angelucci, Enzo & Matricardi, Paolo "World Aircraft Commercial Aircraft 1935-1960" Sampson Low 1979 ＊ Avions 各号 Avions ＊ Air International 各号　Fine Scroll Limited ＊ Air Enthusiast 各号　Fine Scroll Limited

単行本　平成十一年九月「ソビエト連邦の軍用機　ＷＷⅡ」私家版
文庫　平成二十六年七月「ＷＷⅡソビエト軍用機入門」（改題）潮書房光人社

NF文庫

WWⅡソビエト軍用機入門
二〇二四年七月二十三日　第一刷発行
著　者　飯山幸伸
発行者　赤堀正卓
発行所　株式会社　潮書房光人新社
〒100-8077　東京都千代田区大手町一-七-二
電話／〇三-六二八一-九八九一代
印刷・製本　中央精版印刷株式会社
定価はカバーに表示してあります
乱丁・落丁のものはお取りかえ
致します。本文は中性紙を使用
ISBN978-4-7698-3368-0　C0195
http://www.kojinsha.co.jp

NF文庫

刊行のことば

第二次世界大戦の戦火が熄《や》んで五〇年——その間、小社は夥しい数の戦争の記録を渉猟し、発掘し、常に公正なる立場を貫いて書誌とし、大方の絶讃を博して今日に及ぶが、その源は、散華された世代への熱き思い入れであり、同時に、その記録を誌して平和の礎とし、後世に伝えんとするにある。

小社の出版物は、戦記、伝記、文学、エッセイ、写真集、その他、すでに一、〇〇〇点を越え、加えて戦後五〇年になんなんとするを契機として、「光人社NF（ノンフィクション）文庫」を創刊して、読者諸賢の熱烈要望におこたえする次第である。人生のバイブルとして、心弱きときの活性の糧《かて》として、散華の世代からの感動の肉声に、あなたもぜひ、耳を傾けて下さい。

＊潮書房光人新社が贈る勇気と感動を伝える人生のバイブル＊

ＮＦ文庫

手榴弾入門
佐山二郎

近接戦闘で敵を破壊し、震え上がらせる兵器。手榴弾を含む全ての手投弾を精密図で解説した決定版。各国の主要手榴弾も収載。

新装解説版
日本軍の小失敗の研究
三野正洋

勝ち残るために 太平洋戦争の教訓

人口二倍、戦力二倍、生産力二〇倍のアメリカと戦った「日本軍」という巨大な組織の失策の本質を探る異色作。解説／三野正洋。

新装解説版
グラマン戦闘機
鈴木五郎

零戦を駆逐せよ

グラマン社のたゆみない研究と開発の過程を辿り、米国的戦法の合理性を立証した戦闘機を図版写真で徹底解剖。解説／野原茂。

決定版　零戦　最後の証言　1
神立尚紀

大空で戦った戦闘機パイロットの肉声――零戦の初陣から最期までを知る歴戦の搭乗員たちが語った戦争の真実と過酷なる運命。

復刻版
日本軍教本シリーズ
「海軍兵学校生徒心得」
潮書房光人新社編集部編

元統合幕僚長・水交会理事長河野克俊氏推薦。精神教育、編成から、日々の生活までをまとめた兵学校生徒必携のハンドブック。

死闘の沖縄戦　米軍を震え上がらせた陸軍大将牛島満
将口泰浩

圧倒的物量で襲いかかる米軍に対し、壮絶な反撃で敵兵を戦慄させる日本軍。軍民一体となり立ち向かった決死の沖縄戦の全貌。

新装版
岡田和裕
ロシアから見た日露戦争
大勝したと思った日本
負けたと思わないロシア
決断力を欠くニコライ皇帝と保身をはかる重臣、離反する将兵、ドイツ皇帝の策謀。ロシアの内部事情を描いた日露戦争の真実。

松村　劭
ナポレオンの戦争
歴史を変えた「軍事の天才」の戦い
「英雄」が指揮した戦闘のすべて――軍事史上で「ナポレオンの時代」と呼ばれる戦闘ドクトリンを生んだ戦い方を詳しく解説。

復刻版
日本軍教本シリーズ
佐山二郎編
「山嶽地帯行動ノ参考　秘」
登山家・野口健氏推薦「その内容は現在の〝山屋の常識〟とも大きなズレはない」――教育総監部がまとめた軍隊の登山指南書。

今村好信
日本海軍魚雷艇全史
列強に挑んだ高速艇の技術と戦歴
日本海軍は、なぜ小さな木造艇を戦場で活躍させられなかったのか。魚雷艇建造に携わった技術科士官が探る日本魚雷艇の歴史。

新装解説版
碇　義朗
戦闘機「隼」
昭和の名機　栄光と悲劇
抜群の格闘戦能力と長大な航続力を誇る傑作戦闘機、〝隼〟の愛称で親しまれた一式戦闘機の開発と戦歴を探る。解説／野原茂。

野原　茂
空母搭載機の打撃力
艦攻・艦爆の運用とメカニズム
スピード、機動力を駆使して魚雷攻撃、急降下爆撃を行なった空母戦力の変遷。艦船攻撃の主役、艦攻、艦爆の強さを徹底解剖。

＊潮書房光人新社が贈る勇気と感動を伝える人生のバイブル＊

ＮＦ文庫

大空のサムライ　正・続
坂井三郎
出撃すること二百余回――みごと己れ自身に勝ち抜いた日本のエース・坂井が描き上げた零戦と空戦に青春を賭けた強者の記録。

紫電改の六機　若き撃墜王と列機の生涯
碇　義朗
本土防空の尖兵となって散った若者たちを描いたベストセラー。新鋭機を駆って戦い抜いた三四三空の六人の空の男たちの物語。

私は魔境に生きた　終戦も知らずニューギニアの山奥で原始生活十年
島田覚夫
熱帯雨林の下、飢餓と悪疫、そして掃討戦を克服して生き残った四人の逞しき男たちのサバイバル生活を克明に描いた体験手記。

証言・ミッドウェー海戦　私は炎の海で戦い生還した！
橋本敏男
田辺彌八ほか
空母四隻喪失という信じられない戦いの渦中で、それぞれの司令官、艦長は、また搭乗員や一水兵はいかに行動し対処したのか。

『雪風ハ沈マズ』　強運駆逐艦　栄光の生涯
豊田　穣
直木賞作家が描く迫真の海戦記！　艦長と乗員が織りなす絶対の信頼と苦難に耐え抜いて勝ち続けた不沈艦の奇蹟の戦いを綴る。

沖縄　日米最後の戦闘
米国陸軍省編
外間正四郎訳
悲劇の戦場、90日間の戦いのすべて――米国陸軍省が内外の資料を網羅して築きあげた沖縄戦史の決定版。図版・写真多数収載。